卸妆后我依然很美

郭维维 著

Xiezhuanghou

WO Yiran Henmei

百花洲文艺出版社
BAIHUAZHOU LITERATURE AND ART PRESS

图书在版编目(CIP)数据

卸妆后我依然很美 / 郭维维著. ——南昌：百花洲文艺出版社，2014.1

ISBN 978-7-5500-0860-1

Ⅰ.①卸… Ⅱ.①郭… Ⅲ.①女性–气质–通俗读物

Ⅳ.①B848.1-49

中国版本图书馆 CIP 数据核字(2013)第 318225 号

卸妆后我依然很美

郭维维 著

出 版 人	姚雪雪	
责任编辑	郑　骏	
美术编辑	大红花	
制　　作	董　运	
出版发行	百花洲文艺出版社	
社　　址	江西省南昌市红谷滩世贸路 898 号博能中心 9 楼	
邮　　编	330038	
经　　销	全国新华书店	
印　　刷	北京嘉实印刷有限公司	
开　　本	787mm×1092mm　1/16	印张　11.75
版　　次	2014 年 8 月第 1 版第 1 次印刷	
字　　数	300 千字	
书　　号	ISBN 978-7-5500-0860-1	
定　　价	19.90 元	

赣版权登字 05-2013-414

邮购联系　0791-86895108

网　　址　http://www.bhzwy.com

图书若有印装错误，影响阅读，可向承印厂联系调换。

前　言

魅力在女人身上就是一朵花,你有了它,别的就不必有了,如果没有,不管你有什么,都无足轻重。

——巴里

爱美,是女人的天性,也是女人的专属权利。新时代的女性不仅仅追求美,还要追求完美。俗话说, 没有最美只有更美。完美情结在女性心里的极度膨胀,让爱美的女人们在自己身上下足了功夫和血本。但是别忘了,时间是女人最大的敌人,无论是貌美的明星,还是姿色上等的职业白领。与职业、社会地位、收入无关,每个人都逃脱不了岁月的蹉跎。

所以,美丽的容颜始终只是一张经不起岁月洗礼的皮囊。真正的美丽,是所有经历过的往事, 在心中留下伤痕又褪去后的一颗有内涵的心。那样的美丽才值得男人品味和欣赏。

做一个有内涵美的女人。当然,内涵美并不是训练出来的,而是一种阅历;淡然并不是伪装出来的, 而是一种沉淀。从某种意义上来说,人永远都不会老,老去的只是容颜,时间会让一颗灵魂变得越来越动人。你的气质、阅历、学识、修养经过时间的打磨会更加地饱满、迷人……

有人说:"二十几岁的女人是用来看的,三十几岁的女人是用来品的,之后的女人是用来疼的。"聪明的女人应该明白做怎样的一个女人,在你是用来看的阶段你要懂得打扮自己,以一个良好的形象面貌示人;在你是用来品的阶段你要懂得修身养性, 坦然接受时光给予自己的丰富阅历和财富, 打造优雅的自己;在你是用来疼的阶段,你要做一个不折不扣的自己,有着一份随遇而安的性情,细水长流地去生活。

每个女人都希望自己是美丽的,独一无二的。本书由表及里地详细阐述了作为一个新时代的女性,应该怎样丰富自己的内心,装扮自己的外在形象,让每一天的你都充满光彩,让你的美丽成为一道亮丽的风景,让你内外兼修,做一个有内涵修养的女人。

　　女人要爱自己,而爱自己不光要装扮自己,还要丰富自己的内心。希望每一位女性都可以从书中找到提升自身资本的良方。请记住:女人的内涵美本身就是女人们最大的资本,你的魅力远比你想象的要多得多……

目　录

气质篇

像茶一样品味女人 …………………………………………… 003

自信:美的源泉 ……………………………………………… 013

心有灵犀 …………………………………………………… 018

惊鸿一瞥舞翩跹 …………………………………………… 023

徐娘半老也韵味 …………………………………………… 026

高贵源自内涵美 …………………………………………… 029

天然去雕饰:朴素之美 ……………………………………… 033

若隐若现的含蓄之美 ……………………………………… 036

温柔:征服世界的利器 ……………………………………… 039

形象篇

容貌——最好的名片 ……………………………………… 047

青丝柔滑 魅力无边 ……………………………………… 049

花样百出的发型 …………………………………………… 053

发质与气质 ································· 073

头发打理 ································· 079

脸型与发型 ································· 084

妙招补脸拙 ································· 088

眉毛与脸 ································· 097

闪亮的眼睛 ································· 101

眼部化妆术 ································· 104

勾出你个性的唇 ································· 110

腮部妆容 ································· 117

气质女人美妆术 ································· 122

服饰篇

香水：女人另一张通行证 ································· 131

饰品：让美丽更璀璨 ································· 136

职业装：白领女性的经典款装 ································· 147

礼服：高贵里的别样风情 ································· 152

小小方巾：服饰的点睛之笔 ································· 158

如何妙用手提包 ································· 163

丝袜演绎的女人魅力 ································· 166

脚下生风：玉足魅惑 ································· 175

卸妆后
我依然
很美

气质篇

冰清玉洁的
知性美女

像茶一样品味女人

有人说女人像一本书,一本不易读懂的书,需要用情来注释,用心去品读;有人说女人像水,温情如泉,热情似海,静如止水,动若狂澜;有人说女人善变;有人说恋爱中的女人是傻瓜;有人说博士以上学历的女人无人能征服。世界首富比尔·盖茨在接受采访时,被问到他一生中最聪明的决定是创建微软,还是大举慈善。他回答都不是,找到合适的女人结婚才是!由此看来,女人决定了一个家族的未来。

女人一直都是谜一样地存在着。要想破解谜团,不是智商高、学历高就可以做到的,而是需要静下心来细细地品味、品读。

苏东坡有诗云:"戏作小诗君一笑,从来佳茗似佳人。"女人如同好茶一样是需要细细品味的,越品越浓,越品越香醇。女人不一定非常漂亮,但一定是眉清目秀、清爽宜人;女人不一定惊艳,但一定身姿姣美、体态婀娜,让人一见倾心。

明代许次纾在《茶疏·饮啜》中说,一壶之茶,只堪再巡,初巡鲜美,再则甘醇,三巡意欲尽矣。品味女人如同品茶一样,三个不同阶段能品出三种不同的味道。茶的种类也繁多样广,不同的茶代表着不同的女人。

如茉莉茶一样恬静的女人

如茉莉茶一样的女人,秉天地之灵气,超然含蓄,带着沁人心脾的芳香,游刃在她所在的世界里。这样的女人使人安宁沉静,能让我们在现代浮躁喧嚣的社会中找到一个专门属于自己心灵的港湾,在那氤氲的暖香中,永远留存着最温馨最幽静的如茶记忆。她们心态平和,不抱怨,不张狂,感性中又多几分理性,她们不粘人,笑起来像个孩子,喜欢把真实的感情藏于半夜的寂静和午夜笑声的明朗中。无论悲伤,还是生活中遇到了困难,她在人前永远是"我很好"的状态。

如茉莉茶般的女人温柔婉约,谦和内敛,懂得包容别人。这样的女人在生活中很容易交到朋友,朋友及邻里关系也处理得和睦恰当。在事业上,上下左右的关系都打点得妥妥帖帖,若是做领导绝对会以德服人。她们不争强好胜,但凡事都会尽力做到最好,不争第一也不会甘于落后,在学生时期是学习委员的料。

如茉莉茶般的女人喜欢居家生活,无论上班时间多么紧张,下班后又多么累,总能把家里收拾的井井有条,对孩子、老公以及老人的生活照顾得无微不至。她们尽管在家庭中任劳任怨,但绝不会把自己变成生活的奴隶。工作闲暇之时,她们会约上三五个知己好友,泡上一壶好茶,暂时放下工作的劳累辛苦,忘掉尘世中的功名利禄,抛开生活里的杂务俗事,只简单地享受难得的悠闲、朋友的情谊、品茶的乐趣。

如茉莉茶般的女人对待自己的梦想很是实际,而且一般都会成功,因为她们不会过于空想,脚踏实地,本本分分是她们的原则。也许看起来似乎没有梦想,其实过好每一天,做好手里头的每一件事,就是她们最大的梦想。

所以说如茉莉茶的女人就是典型的好女人。说到"好女人",一定会有很多人想起当年的"刘慧芳",一部《渴望》使女性形象再次成为全社会关注的焦点。男性呼唤着慧芳,而女性在为她掬一把同情的泪水时,更多感到的是困惑,更多引起的是内省,甚至发出了"刘慧芳,妇联工作的悲哀"的慨叹。

如今在刚刚播完的很火的电视剧《裸婚时代》里,她又饰演了童佳倩的妈妈。她就是凯丽,一个耳熟能详的名字。凯丽,在电视剧、电影、舞台剧、音乐、朗诵等诸领域均有佳绩,曾获大众电视金鹰奖最佳女主角奖,北京电视春燕杯最佳女主角奖,第三届全国电视十佳演员,被评为十佳之首等。获得了第三届"全国中青年德艺双馨文艺工作者"称号。当年《渴望》一出,万人空巷,也感动了数万观众,凯丽从此和刘慧芳画上了等号。

才华横溢的绿茶女人

绿茶最大的特性是较多地保留了鲜叶内的天然物质,有一个广告是这样说的,我们做的不是绿茶,而是大自然的搬运工。由此可见,如绿茶般的女人清新、天生丽质如水出芙蓉,天然去雕饰。

如绿茶般的女人不仅知书识礼,而且心宽如海,为人处事就有如在饮茶之间促进彼此浓厚的情感交流。她们喜欢对每一件事情都进行周密的计划,仔细安排,喜欢弄清事情的来龙去脉,使之一目了然,事后做记录以备查询。因为做事反复斟酌,一丝不苟的特点,她们有可能成为精明强干的实业家或者在工业、法律、商业中很有成就的人才。

如绿茶般的女人与生俱来就带着亲和力,就像邻家大姐姐,她们的微笑就像一抹明媚的阳光,照暖我们的内心。而她们最大的特点便是才化横溢。在古代人们常常用“咏絮之才”来形容特别有才华的女人,这典故源出东晋才女谢道韫。

在一个寒冷的下雪天,谢太傅举行家庭聚会,跟子侄辈讲解诗文。不一会儿,雪下大了,谢太傅高兴地说:“这纷纷扬扬的大雪像什么呢?”太傅的侄子谢朗说:“把盐撒在空中差不多可以相比。”太傅的侄女谢道韫说:“还不如比作柳絮随风飞舞。”谢太傅高兴得笑了起来。谢道韫就是谢太傅的大哥谢无奕的女儿,也就是左将军王凝之的妻子。

谢太傅夸奖“柳絮因风起”的故事,由刘义庆的《世说新语》流传下来。谢道韫聪慧有才辩,被后人称之为绝代才女、奇女,故而便把在诗文创作方面卓有才华的女子赞誉为“咏絮之才”。

无知不代表可爱,智慧有才气的女子才是最有魅力的。做一个如绿茶般的女人,越品越甘醇,越品越回味,因为这样的女人经过岁月的沉淀,留下的美是独一无二的,而花瓶般的美只是眼睛短暂的消遣,转瞬即逝。

古代才女有很多,近代才女也数不胜数。徐静蕾大家肯定不会陌生,她是中国著名女演员、导演。2006年她登顶“中华第一博客”成为博客女王;2007年因其书法清冽而又优雅被开发出“方正静蕾简体”;2008年创办《开啦》电子杂志;2011年成为史上最快拥有千万粉丝的腾讯微博。作为演员被称为中国四大花旦之一;作为导演,她曾经获得过圣塞巴斯蒂安国际电影节最佳导演奖,这是华语女导演在国际上获得的最高荣誉。同时,徐静蕾也是华语影史上第一位真正意义上票房过亿的女导演,故有“才女”之称。

自成名以来,那清丽、秀外慧中的女孩形象一直是许多人心目中的偶像。有一点梦幻,有一点倔强,有一点恬淡,还有一点说不清楚……徐静蕾就是这样出现在我们视野里。她正如一杯纯净的绿茶,嗅之芳香扑鼻,入口清凉回味长久……

少年时代的老徐，并没有光环和自信，演员或者导演还都不在她的词典中，她只是一个又瘦又黑的小女孩，每日里练习书法，在父亲严格的教育下背诵唐诗。她最大并要为其艰苦奋斗的理想就是再也不用听爸爸的话，自己做自己的主人。其实爸爸的愿望很简单，并没有想让她成为什么家，只是希望她做一个知书达理的姑娘，说得最多的就是："腹有诗书气自华。"

徐静蕾的气质和书法特长成功地将她保送进了朝阳区最好的中学，高考的时候阴差阳错地考上了许多人都梦寐以求的北京电影学院。

《开往春天的地铁》让观众看到了一个与众不同的老徐，而恰恰是这份让她觉得自卑，觉得彷徨的"不同"，赐予她难得的成功。她清新淡雅的气质让小徐在全班同学中脱颖而出，第一个接到演戏的工作，又正是这份与众不同的气质她成为荧屏上崭新的一抹新绿。

这个时候的徐静蕾已经被冠以"才女"的名声，然而她却并不以为然，首先是因为大家印象中女演员普遍是不学无术的，所以书法一流的徐静蕾太容易显得有才气；其次，她深知自己的才华绝不仅仅是写字好那么简单，她心中暗暗种下了拍电影的愿望。徐静蕾的咬牙坚持，让她在电影界取得了出色的成绩。正是如此，她才成为了今天名扬天下的老徐。

1999年，徐静蕾以位居第二的选票，当选为北京大学生评选的最受欢迎的时代女星，第七届电影表演艺术学会对她的评价是"清新怡人"。她和濮存昕等人并列德艺双馨文艺工作者称号……据说在观众里喜欢她的从小孩儿到老人都有，而且不少，她在不经意间变成不是偶像的绝对偶像。第一届艺术与设计大奖赛候选人。

清新怡人、才华横溢、秀外慧中仿佛都不够表达像绿茶一般的女人，她们平凡中带着惊艳；普通中蕴藏着才气；让人望而却步又急于亲近，这样的绿茶女人当真是可遇不可求呀。

华贵的女人犹如铁观音

宁静淡定、成熟稳重、华贵大气，这便是如铁观音一般的女人的真实写照。这样的女人有着很强大的气场，做事雷厉风行、严肃严谨，并且能很理性地看清事情的本质。她们坚强而独立却又不失女人的柔情；她们面对问题能当机立断，又不失人情味；她们的魅力不是她们长得多漂亮，而是她们活得有多漂亮。

犹如铁观音一样的女人很自信，她们的自信来源于她们对自己、对生活的了解。她们经常不断地处于忙碌之中，喜欢改善自己的工作和生活环境；喜欢更新自己的想法，而不喜欢无所事事和庸庸碌碌的生活，那会使她们丧失生机和活力。她们从不接受任何失败，哪怕失败了，也会迅速调整好心理从零开始，凭着顽强的意志和坚韧不拔的精神，重新奔向成功。典型的打不到的"小强"。

俗话说，成功的男人背后永远站着一个伟大的女人，她们的聪明才干不次于男人，可一旦遇到心爱的男人，她们甘愿在背后默默奉献、支持。

第85届奥斯卡奖的各奖项尘埃落定。作为最受关注的华裔导演李安再次获得最佳导演的小金人。而在《十年一觉电影梦》中讲述了，毕业后他曾一度在家里当了6年"煮夫"，家里的开支几乎全部由妻子支撑。回想这段经历，李安在自传中自嘲道："毕业后耗了六年，心碎无数，我若是有日本丈夫志节的话，早该切腹了。"在李安看来，妻子给他最大支持就是她自己独立生活。"妻子独立，我也自由了，她给了我时间与空间，让我去发挥、去创作。要不是碰到我太太，我可能没有机会追求我的电影生涯。"

对于如日中天的李安来说，愧对妻子一直是他抹不掉的记忆。他回忆，1984年5月，当自己的第一个孩子出生时，他还在异地的公园里玩棒球，直到第二天赶到医院，才知道自己当了父亲。原来妻子发现羊水破了，才独自开着快没汽油的车子来到医院生产，当时院方还以为她是弃妇。对于这件事，李安至今还记忆犹新，他对妻子的独立和坚强表示感动。随着事业的上升，稍有成就的李安还是难忘他对妻子的亏欠。

遇上坚强独立的女人是男人的福气，她们从容大气、不拘小节，从不耍小性子也不无理取闹，而是坚定信念的理解对方。

如铁观音般的女人是魅力无穷的女人，这样的女人自律自爱，让人敬仰。无时无刻都散发着迷人的光彩，而且随着岁月的流逝，这样的女人越发显得高贵大气，端庄优雅。

玫瑰茶女人的柔情万种

"衣带渐宽终不悔，为伊消得人憔悴。""牡丹花下死，做鬼也风流。""一顾倾人城，再顾倾人国。"这些名诗绝句都是为赞扬貌美女子而写。俗话说，英雄难过美人关，面对美人坐怀不乱的，非常人也。

从古至今绝代佳人、绝色美人演绎了一段段广为流传的佳话。她们亭亭玉立、婀娜多姿、千娇百媚、柔情万种。这样的女人犹如玫瑰茶，香艳撩人，流连忘返，让人欲罢不能。

如玫瑰茶般的女人，自身就散发着浓郁的香气。她们注重自己的形象，言谈举止透露着优雅的气质。她们有很好的口才，个性张扬，思想前卫，喜欢在人前表现自己，但不做作、张狂。她们很现实，但又不为势所压，能巧妙地走出一条适合自己的路来。

如玫瑰茶般的女人情商高于智商，有她们在的地方总会有快乐。她们能轻而易举地俘获男人的心，让男人久久地迷恋。因为她们懂男人，了解男人的心灵，能让男人品尝到人生中那种真正源自内心的幸福快乐的滋味。

如玫瑰茶般的女人偶尔会表现得有点儿大女人，她们崇尚自由，从来不让生活单调，总是能够很容易地找到属于自己的前方，不会优柔寡断受他人影响，也不会对生活的无限可能失去希望。她们人生的关键词就是"独立"，独特的小资情调，敢爱敢恨，但是爱情却未必是人生的主旋律，没有羁绊和牵挂。

在工作上她们精明能干、聪慧理智，有一种无法抗拒的魅力。内心深处或许柔弱，外表一定刚强，有一种果敢干练的气质。

如玫瑰茶般的女人偶尔会小女人，她们在地铁站到脚酸也不肯坐下休息，为的是保持优雅身姿。她们提前早起一个小时为了是出门前能将脸蛋精心描绘得不露化装痕迹；她们会一不小心成为女人的公敌，但会被周围男人无私呵护；在跟着老公参加聚会时，她们会暗暗把别的女眷比下去，成为最有魅力的一个。

现代社会，男人们，尤其是宅男，喜欢用女神来称赞自己喜欢的女生，不仅如此，称之为女神的人也代表在女性心里有膜拜的地位，所以女神就是美女中的极品，也是玫瑰茶女人的代表。

细数一下娱乐圈的众美女们，"女神"两字最当之无愧的明星要数范冰冰了。她长着一张古典美人的脸，她是有史以来银幕前最红的丫鬟，她曾因整容、涉黄成名等绯闻而被妖魔化。她是娱乐圈第一个身兼演员和老板的女明星,她曾龙袍加身成为国际红毯的时尚名人。她,是,标准的玫瑰茶女人。

2006年,电影《苹果》为她获得多个国际电影节提名,她因此片走上"柏林国际电影节"红毯,这位中国古典美人获得多方关注,惊艳柏林,其国际知名度和影响力日渐提升,凭借此片,范冰冰最终获得"欧亚国际电影节影后",众望所归。

2010年5月13日,范冰冰亮相"夏纳国际电影节",因其在夏纳电影节期间以8套华服亮相,惊艳国外,超赞的气质获得国外媒体的肯定,被评为当届"夏纳电影节"最佳着装女星。这位中国美女谋杀无数菲林,成为焦点。2010elle风尚大典的红毯在上海铺开,范冰冰穿上秋冬粉色花瓣晚礼服惊艳亮相,再次成为全场焦点。

2010年,美国时间1月17日,纽约时代广场户外大屏幕上开始播放中国国家形象片,范冰冰身着"青花瓷"元素礼服惊艳登场,与杨丽萍、章子怡、周迅、张梓琳等一道演绎"中国式美丽代表"。

2013年4月24日,《福布斯》杂志公布了2013福布斯中国名人榜的榜单。范冰冰以成功的广告代言和极高的曝光率位居2013福布斯中国名人榜第一位,用十年的时间完成蜕变。

2013年5月19日,范冰冰出席了《好莱坞报道》在夏纳举行的"年度最佳国际艺人"颁奖酒会,同时荣获"年度最佳国际艺人"奖,这是该杂志为了表彰在艺术、商业与时尚等领域取得了卓越成绩的艺人而首次设立的奖项。而此次《好莱坞报道》将这个首次设立的奖项颁予了范冰冰,以肯定她在国际舞台上取得的优异成就。

熬过十几年,范冰冰终于撕掉花瓶的标签。曾经有人说过,有些明星是一夜爆红却后续乏力,有些明星半红不黑戛然而止。然而,范冰冰这金子始终闪烁着属于她的光芒!当然除了耀眼的光芒外伴随范爷的还有一些负面新闻,在这时玫瑰茶女人大女人的一面就显现出来了。她可以洒脱地说一句:我能经得住多大诋毁,就能担得起多少赞美。

范冰冰不止是大众人心中的女神,在娱乐圈里,已经有很大名气的明星对她也有很高的评价。刘德华曾说:"她是内地最用心的年轻女演员。一开始合作的时候国家形象宣传图片我不敢看她的眼睛,她太美了。"

张家辉说:"跟范冰冰演戏真的会分心,因为她美得令人无法专心!"

吴彦祖说:"刚开始拍戏的时候我很怕看她的眼睛,她的眼神很厉害,不用说话就已经很美丽了。"

如玫瑰茶般的女人的魅力是无可抵挡的,她们的美具有超强杀伤力,蛊惑人心,让人沉醉其中。

如黄金菊般乐观明朗的女人

有首歌这样唱:越长大越孤单,越长大越不安……随着年龄增长,来自社会各方面的压力越来越重,渐渐地我们少了很多快乐,多了很多烦恼;少了很多爱好,多了很多应酬。导致现在人们的脸上,很难看到发自内心高兴的笑容。快乐原本是多么简单的一件事,却越来越难做到。

但有一类女人,她们仿佛每天都像打了鸡血一般,活泼开朗,生机勃勃,有她们在的地方必定充满了欢声笑语,这便是如黄金菊般快乐明朗的女人。

如黄金菊般的女人,思想活跃,注重文化修养,同时又不忘放眼世界。她们在现实生活中,思想常常飞向遥远的过去和美好的未来。她们思想很跳跃,一会在这儿,一会儿又在那儿,使人觉得近在眼前,又仿佛在天边;既与她志同道合,又仿佛与她格格不入。

黄金菊女人热情洋溢,对生活充满火热的激情,从不计较个人的得失,喜欢同时投身到许许多多的事情当中去。对人生、未来和爱情乐观的态度会使黄金菊女人永葆青春。此外,乐观主义精神,健康的体魄和快乐的情绪会给她们带来运气和广泛的好感。她们很善于安慰和鼓舞自己与周围的人,并振奋大家的精神。这样的女人容易和大家打成一片,女生人缘和男生人缘都超级好,但可悲的是,男人喜欢把她们当成铁哥们儿而是不梦中情人。

如黄金菊般的女人一般对世界上发生的一切事情都有浓厚的兴趣,喜欢外出旅行、广交朋友,深孚众望,宽宏大量,但不希望别人威胁和干涉她们神圣的自由。她们讨厌义务,宁肯抛弃既得的利益,也不愿意为之受束缚。

她们喜欢家里经常高朋满座,并尽自己所能去帮助别人,因此会结识许多社会上有影响的人物,在生活和事业上永远会得到支持或保护。

黄金菊女人的命运常常与国外或旅行联系在一起,通常会给她们带来运气、友谊和利益。即使在不利的情况下,乐观情绪也永远不会背叛她们,并能帮助她们比别人都快地摆脱困境。她们特别关心歌坛、影坛和新闻铁事，又喜欢颇有见地的思想观点，并善于对此发表高论。

她们热情好客，和蔼可亲，为人善良忠厚，思想开朗以及心胸豁达的性格，颇受人们的称赞。与人共事富有合作精神，对生活与事业怀着本能的理想主义，这将鼓舞她们和周围的人，并增添了与大家的和谐气氛。

俗话说，女人不是因为美丽才可爱，而是因为可爱才美丽。黄金菊女人就有着独一无二的可爱，她们的可爱人见人爱，可爱的她们被人们封为开心果。不过有时候她们的这种可爱不太被人所接受，觉得太闹腾、太没心没肺。不过当你真正了解她们后，你会发现，她们其实也有苦闷，也累，只是在人前要尽力地表现出自己最快乐、最明朗的一面。她们常说的一句话就是：人生苦短，哭也是一天，笑也是一天，何不笑着过每一天。

因白血病复发的最美抗癌女孩鲁若晴，在中秋节那天在北京协和医院离世。鲁若晴，一个来自青岛农村的白血病女孩，带给网友无数感动。

2012 年 1 月初，在家人的坚持下，若晴开始去医院接受检查，也就在这个时候，鲁若晴被确诊为白血病，这个消息对整个家庭犹如晴天霹雳。但鲁若晴的乐观也出乎了大姑的预料。当初医生曾说鲁若晴只有一个月的时间活在世上，结果一个月后，她活了下来，医生说这是一个奇迹，若晴觉得，每多活一天，自己就赚了一天，于是她开始发微博，记录下自己的心情与乐观。

为父母放弃治疗的孝女查出白血病的时候，刚刚过完春节，鲁若晴一家来到北京。幸运的是，她和 28 岁的亲哥哥干细胞配型成功，有了治愈的希望。但在生命面前，这个 23 岁的女孩却放弃了治疗，并于 3 月 15 日回到了青岛。

若晴在 QQ 空间里描述了得知配型成功后的反应——沉默。2 月 13 日她说，"14 时 48 分，HLA 分型报告配型成功。当姑夫满头大汗跑进病房让我别激动的时候，我沉默了。"

若晴大姑告诉记者："若晴在潍坊工作期间认识了男朋友，两人感情非常好。患病后，男友始终不离不弃，跑前跑后，帮若晴四处求医。有时候控制不住情绪还在医院楼道痛哭。尽管知道若晴病重，但他还是向若晴求了婚，若晴知道自己的病情和家庭条件，就故意说些伤她男朋友心的话，让他死心。"

不要捐助的"倔强"女孩对于社会的帮助，要强的若晴一直表示拒绝，她在微博里说："这个世界上，还有比我更需要帮助的人"。

若晴很要强，不想要网友的捐助。若晴妈妈曾几次和若晴说起，一开始若晴还是坚持当初"不接受任何捐助"的承诺，"欠别人的，我这辈子可能还不了"，但 25 日憔悴的妈妈再次说起时，若晴的眼里含着泪水，已经无力拒绝，只是一个劲儿地叹气。她知道，如果拒绝好心人的帮助，那她心里亏欠家人的就更多。记录了美丽女孩从一头乌黑长发化疗到只剩下光头抗癌历程，每一乐观的笑容都为众人动容。

鲁若晴，一个来自青岛农村的白血病女孩，带给网友无数感动，她的积极乐观感染了所有人。她不正如黄金菊那般坚强明朗吗？

对于黄金菊女人来说，她们的快乐本身就是人生的一种财富。她们积极面对生活的心态和坚忍不拔的精神，每时每刻都感染着身边的人，世界因她们而精彩。

一个茶字，包揽了女人的全部精彩，女人如茶，茶如女人；人生百味，百味人生；女人如茶，淡淡、浓浓、淡淡，像生命的起始与终止，平静、激昂、平静。

有人把不同阶段的女人比作不同的茶。20 岁的少女，浑身都散发着迷人的香气，好比花茶，忽近忽远，充满无限遐想；30 岁的女人，从青涩走向成熟，则是一杯清淡的绿茶，看似平淡无奇却让人挥不去放不下；40 岁的女人，经历生活的洗礼，浓郁、润滑犹如一杯红茶，内涵深重，愈陈愈香，值得细细品味。

"素琴挥雅操，清茗滤凡尘。"一杯清茗在手，能超凡出尘，一个家有了好女人，就有了一个温暖的避风港，能让男人忘掉世间一切烦恼。人们一生中如果能品得一壶好茶，就觉是一件乐事，而男人遇到好女人那就是人生中最大的财富了。"一杯春露暂留客，两腋清风几欲仙。"品茶、品诗、品心，是懂茶人的夙愿，一个女人如茶一样被品茶人珍惜，也是她此生的幸福。一个好女人，就像一杯回味无穷又百般体贴的茶。

好茶要经过四季的侵淋，雨水的滋养，然后由人们采摘下来，经过晒、炒、晾、压等等的工序，制作而成。而好女人的性情，却要经过岁月的侵蚀，生活的煎熬，命运的磨砺，人生的历练等等，这个过程把她们锻造成了一杯清香悠远的好茶。而一个真正懂女人的好男人，应该像一位懂品茶的茶客一样，一捧一饮，细细地回味。只有这样，才懂得欣赏，懂得爱护，懂得珍惜女人！

女人这杯茶，也许不是一遍就能够品透的，需要用心细细地感悟与体味。茶水一样的女人有着茶一样清新悠远的美。闻茶识女人，茶解女人心。每一种茶我们都能品出不同阶层的女人。不同年龄的女人，不同品性的女人，不同的心境的女人有着不一样的茶香、茶味……

自信：美的源泉

何为美？能引起情感愉悦的价值，能让你的视觉系统感觉舒服的一切美好的事物都可以称之为美。现实中物质之美的基本形态通常被认为是艺术美和现实美。

看到"美"这个字，大多数人（尤其是男人）首先想到的便是女人，因为有个在现实生活中使用频率很高的词儿叫"美女"。而"美女"是如何产生的呢？在人类社会中，女人几乎是美的最好体现。女人的美对于男人是种征服。赏心悦目、秀色可餐都是"美女"经常获得的赞美之词。那么究竟什么样的女人才是男人和女人都认为是最美的呢？才能使你赏心悦目与秀色可餐呢？

古有"四大美女"西施、昭君、貂蝉、杨玉环是你张口就能说出的名字。

关于她们的典故，你也不会陌生：鱼儿看见西施美丽的倒影，忘记了游水，渐渐地沉到河底。人们用"沉鱼"来形容西施的貌美。南飞的大雁，看到骑在马上的美丽女子，忘记摆动翅膀，跌落地下。从此，人们用"落雁"来形容昭君貌美。月亮看到貌美的貂蝉，不好意思地躲在云彩后面。因此，用"闭月"来形容貂蝉的美貌。牡丹、月季花见到美丽的杨玉环，花瓣含羞立即收缩，绿叶卷起低下。人们就用"羞花"来形容杨玉环的貌美。

用我们现在的眼光看这些或者是缺乏科学依据的，人们之所以想出这么超乎常理的现象来形容美女，其实是形容她们的美超过了其他女性。

现代社会的人对美女的概念存在着较大的差别，这是因为每个人的感观不同和审美观的差别。也许是因为古代的女性更多地是被束缚在家中，即所谓的"大门不出，二门不迈"导致街上能看到的女性有限使然而使得古人因为"见少识窄"，进而使得他们的感观和审美观的差别没有"见多识广"的现代人这么巨大吧。

不俗的外貌当然是人的第一感觉。但你要成为现代人眼中和脑海里的美女，自然少不了不俗的气质。漂亮女人其实随处可见，这样的美女在马路上随便一抓就是一堆。而能够吸引众多的目光的还是形象与气质都出众的女性才是真正意义上的美女。

没有一个女人愿意听别人说自己不美，因为爱美之心人皆有之，而让自己美丽动人则是女性一生不变的追求。但上苍似乎是不公的，它把美的喜悦带给了女人，也把不美的痛苦带给了女人，于是，有些女性因自己天生丽质而笑逐颜开，自然也会有些女性因为自己容貌一般甚至粗陋而心生暗怨。事实上，女性对美的追求从她们知道美这个字眼时就开始了千方百计让自己美起来，这个过程直到她们因年迈衰竭或因病而离世前一分钟都不会停止。可以说，女人对美的追求犹如蜜蜂对花蜜的向往，花朵对雨露的依赖。

不管怎么说，爱美是女人的天性。既是天性，女人当然要想尽一切办法，抓住一切机会来"武装"自己，不管她是否天生美丽，她都想尽自己所有来满足自己对美的追求。

你随便打开一张报纸，或是随手翻开一本杂志，美女靓照比比皆是；到饭店吃饭，有美女迎宾；到商场购物，有美女导引。你若是打开电视机，或是网络上冲浪，更是不得了，网络中的美女的讯息多的应接不暇，不是这个模特走秀了，就是那个选美了，好一个"美女"成群，一个个是姣好的容颜，一个个是婀娜的身姿，走来晃去，你怎能不眼花缭乱。

在你眼花缭乱中，文人骚客按耐不住吟起：关关雎鸠，在河之洲。窈窕淑女，君子好逑。有人认为真正美丽的女子，应该是窈窕淑女，然而现今窈窕者众，淑者寡，窈窕又淑者寡之又寡。

现如今淑女的定义，淑女的气质和风范的含义绝对不等同中国传统意义的礼教名词，她是新的历史条件下，女人在仪表、谈吐、举止、思维和行为习惯上一种独具中国特色的女性魅力。

女人们问：男人，我们到底怎样才算美丽？

群起：自信的女人最美丽。

自信的意思是，自己相信自己并对自己的实力、优势有正确的估计和积极的肯定。其实自信还有另一个层意思，有句话说的好，你不逼自己一把，永远都不知道自己有多优秀。自信有时候是一种态度，一种势必完成的态度，在自己的实力中去增加实力。罗曼·罗兰曾说过："先相信自己，然后别人才会相信你。"

英子是一名学艺术的女孩。声乐课上，由于她来自农村从未接触过钢琴，在试音环节，英子不敢张嘴唱，导致老师以为她耳音不好分到了最差的一组。在经过半年的学习，她渐渐地入门了，并很快学会了听音乐伴奏和领悟了唱法。很快英子的音乐天赋被老师发现，老师立马把她从最差的一组调到了最好的一组。期末汇报时，老师让她和一直在最好一组的姗姗代表班里去进行汇报演出。一直在课上表现很好的英子，马上就要上台了竟紧张得发不出一点声音来。她看着那个华丽的舞台，和台下满棚的观众，她开始害怕了。她觉得那个舞台不可能是属于像她这样的女孩的。就在这时，声乐老师走过来握住她的手说："英子，你唱歌的水平比学了好几年声乐的学姐们唱还要好，你一定要相信你自己。"

英子心里没底地说："我不行的。"

"你不试下怎么知道自己不行？你不逼自己试一下是不会知道自己有多优秀的。"老师激动地说。

英子听后拾起了自信心，从容地站在了舞台上。结果出乎她的意料，她表现很完美，获得了汇报演出第一名。从此以后，她再也没有怯过场，她把老师说的那句话永远地记在了心中。

自信的女人不一定有闭月羞花的容貌，但一定在众人中有鹤立鸡群的气质。她开心、快乐，尽情地享受生命的乐趣，又清醒地保持灵魂的明净。她深知阳光与黑夜的交替，身临困境心中依然有光明和希望决不气馁。她的心像一颗种子，历尽沧海桑田，洞彻世事烟云，依然会顽强地从沙土里开出美丽鲜花。

有人说：自信的微笑是一种令人愉悦的美丽的符号。面对一个微笑的人，你会感到她的自信与友好，这种自信也会感染你，使你有一丝亲切感；自信的微笑是一种含意与深远的身体语言，深沉的表达着一种心灵的慰藉和欣慰。

自信使女人在为人处事上从容大度、和蔼可亲和令人信任。一个女人要想自信，首先要克服自卑，主要是做事唯唯诺诺，前怕狼后怕虎；自卑是一种消极的自我意识，一个自卑的人是不可能正确评价自己形象、能力和品质，总是拿自己的弱点与别人的强处比，觉得自己事事不如人，在人前自惭形秽，悲观失望，不思进取，甚至沉沦。这个处处充满竞争的社会，那种自怨自艾、柔弱无助的女人已日渐失去市场。女人要充满自信,学会自我拯救和自我完善,这样的女人才是最美的。

在感情问题上,自信的女人也不同一般。自信的女人敢爱自己喜欢的男人,但是绝不把自己完全托付给男人。一个把自己完全托付给男人的女人就等于失去了自我,也就没有自信,再漂亮再得宠也掌握不了自己的命运。对于男人,许多女人都把他视为自己生命的全部,这是没有了自我的表现。男人只是女人生命中的一部分,生命中必定也必须还有别的寄托,孩子、事业、朋友、爱好……这样,即使生活中的一部分受挫,也不会影响到另外的部分。

有人曾经说过这样一句话:自信是女人最好的装饰品,一个没有信心,没有希望的女人,就算她长得不难看,也绝不会有那令人心动的吸引力。这句话生动地说明了自信对女人的重要性。自信的女人不惧怕失败,她们用积极的心态面对现实生活中的不幸和挫折;她们用微笑面对扑面而来的冷嘲热讽;她们用实际行动维护自己的尊严。这一切都淋漓尽致地表现出自信者的气质,一种坦诚、坚定而执著的向上精神。美貌可使人骄傲一时,自信可使人骄傲一生。

世界上没有十全十美的女人,更没有生下来就是个完美无缺的女人;但是,女人可以把自己塑造得完美和可爱。自信的女人喜欢学习,她可以用知识的渊博使自己成为有内涵有修养的女人。自信的女人虚心接受别人的批评,她明白忠言逆耳,肯指出自己不足的人才是真正的朋友,听取不同的意见,取长补短自己就离完美又近了一步。自信的女人面对攻击和诽谤不以牙还牙,她明白清者自清,让别人去说好了,走自己的路就是了;她深深地懂得,不经历风雨,怎么见彩虹。

自信的女人是最好的红颜知己。她冷静、透析、聪明。你可以毫不保留把心扉对她敞开,诉苦,抱怨,甚至哭泣。不必担心她会嘲笑你,也不必怕她会四处宣扬,因为自信的女人胸怀宽如大海,可以容纳万顷泥沙,自信的女人像一缕春风,能吹散你的愁云,给你带来轻松愉悦,让你一吐而快之后心情无比爽朗。

自信的女人是最好的情人。她爱你之深,爱你之切,但她不会爱得让你难堪。她在生活中知道爱护自己,她有健康的身体,不老的容颜,她神采奕奕,魅力无穷。从容自信的女人是美丽的,明亮的眼神,自信中的妩媚,从容不迫的谈笑,深透骨子的优雅,她会永远让你感受情爱的温馨和甜蜜。

自信对我们的生活非常的重要，我们的事业、我们的爱情、我们的生活、我们的工作，不管是哪一个领域，自信都是无比重要的。自信给人以力量，给人以快乐。正是有了自信，人们才充满了睿智，你和我的心中才升腾起无尽的希望。

当我们渐渐老去，容颜不在，只要我们还有一颗自信的心，我们依然可以美丽，可以迷人。走进一片成熟的天地，让看到你的人羡慕你的自信、你的美丽。

珍妮是个总爱低着头的小女孩，她一直觉得自己长得不够漂亮。有一天，她到饰物店去买了只绿色蝴蝶结，店主不断赞美她戴上蝴蝶结挺漂亮，珍妮虽不信，但是挺高兴，不由昂起了头，急于让大家看看，出门与人撞了一下都没在意。

珍妮走进教室，迎面碰上了她的老师，"珍妮，你昂起头来真美！"老师爱抚地拍拍她的肩说。

那一天，她得到了许多人的赞美。她想一定是蝴蝶结的功劳，可往镜前一照，头上根本就没有蝴蝶结，一定是出饰物店时与人一碰弄丢了。

自信原本就是一种美丽，而很多人却因为太在意外表而失去很多快乐，无论是贫穷还是富有，无论是貌若天仙，还是相貌平平，只要你昂起头来，快乐会使你变得可爱——人人都喜欢的那种可爱。自信本身就能发光发亮，带着这种发光体，无论走到哪里，别人透过你的自信看到的你，都是有你自身韵味的一种美丽！从现在开始昂起你的头，微笑着向前走，你会发现一切原来都很美好！

自信的女人有美丽的笑容，得体的举止，出得厅堂，入得厨房，静如处子，动如脱兔，雍容大度，媚俗不染。自信的女人，应该是有独立的人格和强烈的自尊，有自己追求的事业和为之奋斗的毅力。自信的女人独处是一道美丽的风景，行走人海亦是一道美丽的风景。

峰，是一个富二代，换女友跟上洗手间一样频繁。刚分手的那个是个艺术学院的，人长得漂亮，身材也凹凸有致。第一次带女朋友见大家的时候，乍一看还以为是哪个明星或嫩模呢。可是好景不长，这位标志的美人和富二代如以往那些过眼云烟的前女友一样被甩了。这之后过了好一段日子,突然有一天富二代告诉大家他要结婚了。当时,这消息可谓是一爆炸新闻呀!大家纷纷讨论是何等的女子把花心大萝卜给征服了呢?结婚那天当大家看到这位"传奇女子"时都大跌眼镜。论长相,论身材,论家庭背景,她估计是富二代众多前女友中最差的一个。在大家百思不得其解时,富二代带着妻子开始敬酒。那女人带着自信的笑容,开始敬酒,在男方父母面前她一点都不羞怯,端庄大气,优雅从容。那一刻很多人被这个女人的气质所折服,那时大家才发现一个女人自信起来是多么的美丽。她身上散发的魅力,不是脸蛋漂亮,身材婀娜就能做到的。

有人说,美丽的容颜就像一幅挂在墙上的画,随着时间的推移,颜色逐渐脱落;自信的女人,就像一缸陈年的老酒,越久越香。

所以只有美丽而又自信的女人,才是一幅令人赏心悦目的旖旎画卷,她们既有迷人的风韵,又有惊人的魄力。对这样的女人而言,人生不是等待而是创造,命运从来都掌握在自己手中。因而,在角逐人生、实现自我的竞技场上,她们更是巧于利用上苍赋予女人的天然姿色进行自我推销、自我展现,获得异性扶助的机缘就较寻常女子要多,赢得成功人生的机遇尤其令人钦羡。

心有灵犀

灵犀:旧说犀牛是灵兽,它的角中有白纹如线,贯通两端,感应灵异。指双方心意相通,对于彼此的意蕴都心领神会。比喻恋爱着的双方心心相印。现多比喻双方对彼此的心思都能心领神会。

如果用它来形容一个女子的话,那么善解人意的女子才配得上"心有灵犀"。善解人意的女子心灵美丽,能体谅理解对方,能感应对方的冷暖。

有句话说:"人不是因为美丽而可爱,而是因为可爱才美丽。"美丽的容貌不一定有美的灵魂,它会因心灵的庸俗而逊色,并且也会随着时光的流逝而消逝。再漂亮的女人,容颜也终将会衰老,这是自然法则,只有善解人意的女人,才会永远美丽,因为善解人意这种美丽是用"心"评出的,善解人意是女人最美的万能外衣。

善解人意是女人的本性,也是女人的品质。拥有了善解人意,也就拥有了美丽,那一种心灵的美丽,一种永远不会凋谢的美丽。优秀的女人必须是善解人意的,善解人意是世界上最美好的一种情操,是人类先天存在的唯一崇高的根基。

莎士比亚曾经说过:"外在的相貌其实是内心世界的一面镜子,善良使人美丽。"拥有一颗善解人意的心,远胜过任何服饰、珠宝和装扮。一个并不完美的外表,因为有了美丽的灵魂,折射出的美感竟是如此动人心魄。而一个人,不管是否漂亮、是否聪慧,其心底若盘着一条毒蛇,无论如何也难以让人喜欢。善解人意的女人,一定是可爱的,她也一定是美丽的女人。

善解人意的女孩,不依靠华丽的衣着,不依赖夺目的首饰,只凭一颗爱心,一身简朴整洁的衣着,也同样是一道美丽的风景线。

善解人意的女子不输貌美的天仙

很多女孩儿不理解:为什么天仙美女一样的自己还会遭到男友的抛弃?不是说男人好色吗?为什么很多男人"美色"当前,却宁愿选择平凡女子?

这不难理解:虽然男人好色,但也不仅仅只是好"色"。

男人看女人,第一眼注意到的当然是对方的相貌,然而,真正能把他的心拴住的却未必是美女。对于男人而言,一个能够理解自己、关慰自己的善解人意的女孩儿顶得上一百个国色天香的美女。虽然风月情场上的男人都是围着那些性感美女打转转,但真正能让男人倾心的永远是那些能够和他站在同一片精神领地的女人。

于是明白了:为什么那么多事业有成的男人家中掌舵的却是外人眼中的"黄脸婆"。只因为夜深人静时,她依然有颗善解他意的心。

年轻女人,如果单单以他太太的相貌来界定自己有没有颠覆他婚姻的可能性,实在是太过幼稚的认知了。

遇到国色天香的美女,不过是一时的动心,碰上善解人意的女人,才是一世的舒心。美妻未必是贤妻,男人比你更懂这样的道理!美貌绝对不是爱情的保险带。男人都明白这样的道理,女人,难道还要迷糊下去吗?

总有些或好或坏的关键点成为恋爱中的转折,爱,反映出的是一种人心的敏感,如何在敏感的爱里衍生出长久,值得大家共同地摸索。

影响女人一生的资本

出生到 18 岁,有一个好的家庭背景是女人首要的资本。

这世上,很多活得平凡又屡屡碰壁的女人抱怨自己没有一对好的父母,没有在自己童年时培养自己琴棋书画各项淑女技艺,致使自己"素质"没跟上,也没有尽心辅导自己的功课,致使自己没上成一流大学,自然没能遇上一流男人……

虽然这些想法未免偏激,但有个好的家庭出身,的确是女人莫大的资本,在这个人人注重"身份"的年代里,好的家庭背景,是女人的第一身份!

18 岁到 25 岁,能确立一个人生目标是女人可贵的资本。

大多数人总是活得平凡又平庸,原因就在于大家都只有生活目的,而没有生活目标。傻瓜也知道生活的目的是为了让自己过得更好,但如何让自己过得更好?你一生要为之奋斗的目标为何物?很少有人考虑过!每个人都说,我要过得幸福。但怎么才能幸福,没人想过,也没人知道!

25 岁到 35 岁,获得一个良好的婚姻是女人幸福的资本。

结婚是女人的大事,也是年轻女人一天到晚脑袋里想的事,能嫁个好男人的确是所有女人的梦想,当然,在这段人生的黄金期内,能把婚姻确立下来是大事一桩,立业,成家,缺一不可,男人女人皆是如此!

35 岁到 45 岁,能有个良好的工作状态是女人精彩的资本。

结了婚便全职在家的太太,悠闲是悠闲,只是几年过后,普遍觉得日子越过越无聊。即便不是全职太太,结了婚的女人也常常为了家庭的缘故放缓乃至放弃事业的脚步,即便受过高等教育,到了这个年龄段,女人似乎也会认为:女人就该以家庭为重,外面的活儿交给老公就好!

不想成为婚姻中的弱势人群,女人,别放弃自己事业的精彩!

45 岁到 55 岁,能有个健康的身体是女人最大的资本。

人到中年,各项疾病接踵而来,好多女人就是在这个年龄段被查出了癌症,化疗,吃药,一天一天数着日子往下过,在绝望中搜寻人生仅有的一点乐趣!曾经的所有悲欢,面对病痛,都不算数了。这个年龄段的女人,想要活得好,健康是关键!

55 岁到 66 岁,能有个好的心态是女人快乐的资本。

这个年龄的女人面临的是更年期,这是最令女人痛苦的人生阶段之一,精神上身体上的双重折磨令女人备受煎熬,这个时期的女人最爱钻牛角尖,遇事偏往窄处想,觉得全世界都跟自己过不去,日子越过越难受!这时候,好的心态的确很重要!

66岁以后,能有好的儿女是女人欣慰的资本。

自己精心养大的儿女,这个时候终于到了能派上用场的时候了,不孝顺的儿女是少数,但不懂老人心思的儿女是大多数,很多儿女即便孝敬,也孝敬不到正处,所以,老一辈日子过得操心:这孩子怎么就不懂老人心呢?

小的时候能碰上一对开明的父母,老的时候能碰上一个善解人意的子女,就是人生最大的满足了!

每个女人都有自己的一个"公主梦",莫不希望坐拥宠爱尽享尊荣,所以,尘世中万千"灰姑娘"日日都在寻找属于自己的那双"水晶鞋",为的就是吸引住别人目光的那一瞬间的艳惊四座!

"善解人意"型女子的爱情

说鲜儿善解人意一点也不假:为了求自己的未婚夫朱家老大传文,不惜成为别人的童养媳,但是却打消了做朱家媳妇的念头,只因为她已经嫁过人,最后看着传文和那文携手入洞房,自己只能为新人祝福,为自己流泪;传武是一直深爱着鲜儿的,为了鲜儿,他撇下独守空房的秀儿10多年,吃在军营,住在军营。可是为了成就秀儿和传武,她硬是离开传武,不给他任何机会,最后过上了当土匪头的日子。最后,当两个有情人终于要结成连理的时候,传武却牺牲了……永远为别人着想的鲜儿是可敬的。

比起鲜儿,田歌的压力更大一些,抑郁的婆婆、学习不好的儿子、爱吃醋到后来又下岗了的老公,惹事儿不着调的妹妹,处处都要她操心,哥哥是非常袒护他,但嫂子却是个不吃亏的主儿。内外兼施的压力,让她最喘不过气,也成了抑郁症患者,还险些自杀,但是她为家里付出的一切,所有人都看在眼里。如她般善良、理解人意的儿媳妇现如今真的太少了!

男人喜欢善解人意型女人的 N 种理由

永远不会成为夹心饼干善解人意型女子怎么会让男人成为自己和婆婆之间的夹心饼干呢,即使有的时候自己受了委屈也会放在心里,顾全大局。有这样的老婆在,男人怎么不舒心,不满足呢?

可以生活得更坦然。有一个懂自己,理解自己的老婆确实是一个福气,不用每天费尽心机想着今天这事儿怎么和老婆解释,明儿应酬怕老婆找茬,这样,有什么心里话也可以和她说一说,心里坦然无比。专业那个对于婚姻生活也是良性循环。就像鲜儿和传武,无话不说,不话不谈,虽然最后没有结为夫妻,但是在一生中,曾经拥有一位这么知心的爱人已经足矣。

不累当然,无论遇到什么事儿都会有一个人在身边已承担,而不用担心有一方横加指责,这样,遇到什么样的困难都可以挺过去。就像田歌,在家里环境最为恶劣的时候她都没有埋怨过老公一句,并帮他走出最痛苦的一段时光,非常难得。

但是,万事都有两面性,善解人意类型的女子在婚姻生活中很容易碰到下面的情况——容易被别人忽略自己的存在

太过理解别人,很容易忽略自己,如果一个人连自己都忽略了,那么别人怎么可能重视你呢?无论遇到什么事儿,老公都觉得你会理解他,所以不用给你商量,一来二去,自然被放到被遗忘的角落。

适当调节自己

受到委屈,自己扛着;感到不悦,心理忍着……为了顾全大局,你觉得这是最好的办法,一来二去,会给自己的心理造成很大的阴影和负担,这又何必呢?

你应该按照下面几点调节一下自己:

1. 其实,任性点没什么不好,都什么时代了,还那么忍辱负重地活着?

2. 理解老公没有什么不对,可是要永远有自己的立场,让他知道,你也有自己的思想,而不是一味地理解和支持。

3. 如果自己正确的,那就没必要总是互相迁就。

4. 爱了就去争取,能成全别人,为什么不能成全自己呢?

当然,回到现实生活中,灰姑娘的"公主梦"毕竟不那么真实,"水晶鞋"往往是最不可靠的东西。信赖"水晶鞋"的女人是可怜的"机会主义者",上天给你机会时,你是公主,上帝不给你机会时,你是女仆!

如果女人一生只为了等待上帝的安排,那好运气永远也等不来!

不要把爱情的罗盘交到他人手上,没有人可以做你的主宰,唯有自己,可

以统治一生的情与爱！

新时代的新女人要及早明白这个道理——丽装华服也是为了取悦自己，女人，永远要做自己的公主！

惊鸿一瞥舞翩跹

生活并不缺少美，而是缺少一双善于发现美的眼睛。如何发现美？如何寻找被我们忽略掉的精彩？

世间万紫千红，百媚千娇，无论你独爱哪一种，那都是一道别样的风景。美的风景让人驻足，让人陶醉。停下脚步，屏住呼吸，细嗅蔷薇之美，细品茶香之色。都市飞快的节奏，让我们每天和美擦肩而过、绕路而行。不少有人抱怨，生活枯燥、黑暗、无聊、压抑……

我们拼了命的往一线城市挤，其实当初出来的目的很简单，就是，那是一个美的城市。美的城市有美的未来、美的爱情、美的人、美的早晨醒来和美的天亮前的晚安。多少人为美而来，最后拖着一身的灰色离开。

人呀！你慢些，等等你的灵魂，好好呼吸一下这个城市的空气；好好看一下每天照常升起的太阳；好好触摸一下城市的砖瓦；好好走一遍当初你豪情万丈走过来的路；好好感受一下你身边翩跹的身影。这些你所忽略的生活便是生活中最有味道，最真实的美。

发现自己的美才能让别人发现你的美

美无处不在，王菲有首歌这么唱"只是在人群中多看了你一眼，再也没能忘掉你容颜"，人生匆匆，人海茫茫，无意间的一瞥注定今生无尽的追逐。

有人抱怨自己太胖，觉得不美，便拼命减肥，节食、针灸、拔罐。每天处于非人的生活中和恐惧中。这样的人为了美而制造美，导致忽略自己的美，失去了自信成为了生活中最没趣味的人。因为自己胖，觉得自己不美，不敢交朋友，不敢在众人面前发言，甚至对于喜欢的人都羞于表达，苦苦暗恋，受尽相思之苦。

小娜是一个胖姑娘,她皮肤白皙,五官精致,小嘴大眼睛,还有一对酒窝,笑起来很可爱。由于胖,她寡言少语,成天闷闷不乐,公司有什么聚会她从来不参加。怕别人嘲笑她胖,她很少和公司的人一起坐电梯。

临近春节,公司发年终奖,小娜获得了最多的奖励,大家伙便要求小娜请客。小娜不好推脱便请大家去吃饭唱歌。那天,她刻意地打扮了一番,让大家眼前一亮。她唱的歌也非常好听,赢来了一阵阵掌声。那天她成了公司的主角,她敬大家酒时,大家都对她说了一句:小娜今天特别漂亮。

她笑了,她才知道,其实在众人眼里,没人会嘲笑她胖,她依然有让别人欣赏的地方。从此她的世界再也不是灰色了,从此她对自己充满了自信,对未来充满希望。她所感受到的再也不是嘲笑、阴暗、悲伤而是赞美、鼓舞和美好。

其实每个人都有自己独特的美,只是自己发现不了自己的美,所以别人也不容易发现你的美。我们都知道了自信的女人最美,自信也是一种心态,心态很重要,一个好的心态能让你从内而外的散发出美的气质。发现自己的美,同时也让别人去发现你的美。

所以我们一定要有一双善于发现美的眼睛,发现别人的美是一种欣赏、学习和熏陶,发现自己的美是一种进步、肯定和自信,只有发现自己美了才能让别人也发现你的美。

在别人眼中发现自己的美

在电影《与玛格丽塔的午后》中,大块头沙茨·勒曼是一个有阅读障碍的普通劳动者,不普通的是,他懂得听从自己的心,只做自己喜欢做的:打零工,种花,卖自己花园里种的菜,每天中午到公园的长凳上坐着吃午饭同时看鸽子。有时候在咖啡馆里和朋友们打打牌,遇到谁有伤心事,就会去安抚对方。因为天真,因为不谙世事,因为文化程度不高,安慰人的时候常常闹些让人哭笑不得的笑话。虽然已经痴呆的妈妈不是把他当空气,就是对他大喊大叫,但他是个负责任的儿子,孝顺,负责,买了房车,一直住在妈妈的附近。晚上吃完饭后就用木头刻小鸟,边刻边自言自语。

他是一个私生子,妈妈一直把他当替罪羊。儿时受的创伤即使在他50岁时也仍然印象深刻,不断以闪回的方式重现。因为不会回答问题而被老师称作"傻子",因为有阅读障碍而在班上被老师嘲笑,还有因为失手打翻一杯牛奶而被妈妈当众侮辱为"只会吃喝的脏兮兮的怪物"。

他小时候最想做的是教堂彩色玻璃的制造者,却被妈妈嘲笑:哼,那算什么工作!

"妈妈对我漠不关心,她把我当作透明人。在她眼里,我什么都不是。"他周围的人都把他当作一个虽然善良但是弱智的人,他也认为自己一无是处,以至于女友想要和他生一个孩子,他说:"我能够给孩子什么呢?三个字连在一起我就念不出来了,我是一个废物。我能给孩子什么呢?"

他是如此的自卑,妈妈的拒绝和否认使他一直被自己存在的意义所困扰,在内心中他是那样渴望自己的存在有价值。

直到有一天,他遇到了95岁的玛格丽塔。这个曾经参与世卫组织援非项目的科学工作者,现在常常到公园里边晒太阳边读书。他们相遇时,勒曼正在公园里一如既往地看鸽子。老人满头银丝,白底紫花连衣裙上罩着一件淡粉色的毛衫,他们先是谈论鸽子,然后谈到描述城市鸽子的小说片段,再然后,每次见面时,老人开始为勒曼朗读小说。

勒曼有非同寻常的听力,他不仅有很好的听觉记忆力,而且能够非常形象地从文字想象实景。就这样,她的缓缓朗读,她的耐心倾听,她的及时鼓励与安慰,她对勒曼早年创伤善解人意的即刻回应,渐渐安抚了勒曼内心里的那个一直十分忧伤的小男孩,并且激活了勒曼沉睡多年的潜能。他不仅可以把从书中学习到的东西自如地运用于生活,而且还学会了阅读。这令朋友刮目相看,他自己也看到了一个更美的自己,那个他多年来渴望成为的自己——有知识,被尊重,有价值和存在的意义。

心理学中有一个"依恋理论",说的是一个人早年时的重要他人,通常是指养育孩子的父母或者替代父母,会对人的一生产生重要影响。如果父母或周边的亲友给予这个孩子无条件的积极关注,关心他、信任他、鼓励他、支持他,那么这个孩子就会形成良好的自我感觉,会有开朗、积极、自信的性格,并且敢于探索外部世界。如果一个孩子的父母或周边的亲友漠视这个孩子的存在——如电影中勒曼的妈妈之于他,那么这个孩子就会变得自卑,对自己的价值一无所知,严重的甚至会认为自己一无是处。在以后的日子里,他们也可能会遇到玛格丽塔这样的人,一个邻居家的长辈、一个老师,他们的存在感和意义感才会被唤醒。

其实勒曼生活中还有一个真懂他的人,那就是他的女朋友,她不止一次对勒曼说"我很幸运,我能够遇到你",在勒曼说"我能给孩子什么呢"的时候,她非常温柔但坚定地说:"你能够给他爱啊。"

但是,勒曼幼时的创伤实在太深了,以至于女朋友一个人的认可与欣赏不足以让他摆脱自卑。

这个故事还有一个非常戏剧化的情节:勒曼的妈妈去世后,律师告诉他妈妈给他留下一栋房子——那个他一直以为是妈妈租的房子,其实妈妈已经在几年前为他买下了。勒曼百思不得其解:"你能想象吗,她不看我一眼,也从来不和我说话,都这么多年了,居然为我攒钱,只为了我,你能理解吗?"同时留下的,还有他婴儿时用过的奶嘴,小衣服甚至他的脐带!原来妈妈是爱他的,只是几乎没有用他能够懂的方式来表达。

一个人能在别人的眼中看到自己的美,是一件美好的事,然而更美好的是,他能够对自己的美怀有与生俱来的自信。而这需要他自幼就拥有一个无条件接纳自己的重要他人,如果未曾拥有,那么至少他可以先学习信任自己、关心自己,努力去做自己的好朋友。

徐娘半老也韵味

岁月催人老,不论是古来圣贤还是今朝才子,都难逃岁月这把杀猪刀。花熟蒂落,从成长到成熟,不但我们的心灵在蜕变,我们的容颜。

究竟什么样的女人才会获得男人经久不息的迷恋?答案只有一个,那就是成熟而有风韵的女人。俗话说,徐老半娘,风韵犹存。因为阅人无数,历经沧海,所以对自己和对男人都有极其透彻的了解,什么时候柔情似水,什么时候冷若冰霜,什么时候含而不露,什么时候若即若离,这种女人都会以过来人的从容拿捏得恰到好处,让男人魂不守舍的同时,佩服得五体投地。

风韵的女人一定都是并不年轻但很成熟的女人,所谓成熟,不仅包括心态,也包括身体。因为成熟,所以使用起来随心所欲,得心应手,直叫涉世未深的男人分不清东西。

其实,真正成熟的男人欣赏与迷恋的也是风韵犹存的女人,在成熟男人看来,性感的女人是一杯水,晃眼但却乏味;风韵的女人如一杯酒,色重但却够味,尤其是那种经久不息的后劲,醇厚绵长,非常值得回味。

风韵的女人大多深谙风月之道，虽然风月无边，但却只会将这个"风"字化成风情万种，而绝不会化为风流甚至风骚，这种女人对分寸的拿捏与把握，实在已经到了出神入化的地步，让男人只有欣赏与赞叹的份，而没有胡思乱想的可能。

能够做到这一点极不容易，但风韵的女人就是有这个本事，所以才会外表精致，内涵丰富，聪明大方，优雅成熟，时尚而不时髦，风韵而不风情，古典而不古板，随和而不随便，内敛而不内向，从容而镇定。

风韵的女人有着非常迷人的吸引力，与其说是姿色犹存，不如说是神态动人，那种和蔼可亲，不卑不亢，落落大方，充满着善解人意的睿智与解透风情的成熟，使整个人仿佛散发出神圣的光辉。男人碰到这样的女人，一定会情不自禁地倾诉自己的心事，交付自己的一生。

近日，日本一档娱乐综艺节目"世界番付"评选出"世界美魔女排行榜"，中国影视明星刘晓庆荣登第二位。当屏幕上出现刘晓庆的真实年龄时，现场嘉宾全被惊艳了，高呼不敢相信。

日本电视台的娱乐节目惊叹刘晓庆的美貌，并拿同龄人的日本著名笑星笑福亭鹤瓶作对比，喜感十足。不过，节目中显示的刘晓庆真实年龄为61岁，也让不少网友大跌眼镜。

荧幕上那些美丽的明星，都曾是少年时的偶像，随着时间的流逝，岁月也一样没有绕开她们，但另人羡慕的是，她们虽也经过时间的雕刻，留下的却是美丽的精华。

张曼玉其实不是特别漂亮，可是她清纯秀丽。现在她四十多岁了，在这个年龄的女人一般都体态臃肿，步履匆忙，目光疲惫，时间已经把她们的美丽磨平了，让她们皮糙肉厚的承担着生活的重压。张曼玉依然那么高挑，皮肤细致，灵动的眼睛清亮纯至，光阴没有在她眼睛里留下丝毫混沌的杂质，生活的经历又为她增添许多妩媚现在她依然那么红，而且红的非常有层次。

很多人都说关之琳很漂亮，可有很多人觉得她漂亮的有点俗，年轻的时候关芝琳漂亮的薄气，倒是上了年龄以后，那种尖锐的美丽被磨去了一些，体现出韵味，就象经过打磨的钻石，眩目而不招摇。

说到美人一定不能漏了刘嘉玲，这个经历最不堪回首的往事的女人，现在美的无与伦比，美的淡定从容，美的让人嫉妒。身材凹凸有致，气质优雅，而且在事业上成功转型，女人的美丽最重要的就是自信，她的自信和坚定使她在众多的美女里显得特立独行，老天让她经历沧桑，最后还她永恒的魅力。

林青霞五十多岁了，一个半百的女人，依然是许多人心中美丽的典范。现在她不再窈窕，身材开始发福，但美丽没有远离她，由清纯变成高贵，无论身边有多少靓丽的美女，她总是很出众，那是一种经历颠峰归属平淡所沉淀出的气质，雍容华贵。

看着她们40岁以后的样子，已不再害怕岁月的侵蚀，女人的美丽有很多种，年轻的时候青春是美的，年老的时候岁月是美的，风雨之后，容颜可以老，心情不能老，只要在生活中找到合适的位置，体现自信与价值，女人在任何年龄都可以是美丽的。

明星也是人，也怕变老，但不管你怕或不怕，变老这个事实是谁都无法阻止和改变的。唯一可以改变的就是有一个好心态，虽然再也不会年轻，但拥有了独特的魅力，依旧光彩照人。或者说，美丽的容颜不会原样的跟我们一辈子，而一颗乐观的心才会眷顾我们一辈子。年轻固然好，年轻就算冲动都是一种性格，当年轻不再，半老徐娘的时候，不应该就失去自己对美的向往。那个阶段的女人就像熟透的果子，香气宜人，味道醇正。

女人到了这个阶段，为了照顾孩子、老人及丈夫，容易忽略自己。她们会把老公收拾的干净利索，把孩子打扮的靓丽，把老人照顾周到，却不肯为自己买一条小小的丝巾。据调查这样的人是生活中的绝大多数，而女人这样的牺牲又是最傻的表现。人生短暂，女人天生爱美，就算容颜不如当年了，内心依然是向往着美的，可是生活让很多爱美的女人低下了头。她们认为自己已经过了美的年龄，美好像是少女的事和自己已经不在搭边。

现在告诉自己，无论到什么阶段，女人永远都需要美丽，只是到了一定年纪后，美的成分变的厚重，不需要再浓妆艳抹，不需要华丽的衣服而是一颗美丽的心。

高贵源自内涵美

想必每个人都喜欢钻石、水晶、珠宝，因为那些东西价值连城、珍贵无比。同样，作为一个人，尤其是女人都喜欢成为一个高贵的人。

高贵，意味着拥有丰富的精神世界，丰富的心灵是幸福的真正源泉。对己对人极其的尊重，那是内心深处的荣耀。高贵，是许多时代最看重的价值，被看得比生命还重要。人的灵魂应该是高贵的，人应该做精神贵族。

高贵的女人就像出淤泥而不染的莲花，永远有值得吸收的营养和值得感悟的内涵，让人由烦恼而至清净；高贵的女人，端庄大气，使人崇敬；高贵的女人，气质不凡，谈吐优雅，令无数男人倾倒。

是什么使一个人高贵？不是华丽的外表，浓重的粉饰，道貌岸然的气派，铺张、豪华的排场，而是自然而真诚的举止，讲求实际而不慕虚名的个性，善良的品格，圣洁的灵魂。

女人的高贵并非指的是一定要出身豪门或者本身所处的地位如何显赫，这里的高贵是指心态上的高贵。男人最反感放荡轻浮、心态猥琐的女人。生活中男人可以是女人的护花使者，但女人本身要给男人提供一种信心——这种信心就是让男人放心，而且乐意为你托付爱。

高贵不是外在的形式，而是内在的文化涵养，自然发出的外在气质的内涵美，说白了就是让人拿眼睛一看就觉得此人有文化有内涵的气质。

就像一句广告语：有内涵，有主张。她有灵性，而且"智勇双全"。她可以无视岁月对容貌的侵蚀，但绝不束手就擒。她可以与魔鬼身材、轻盈体态相差甚远，但她懂得用智慧的头脑把自己打扮得精致而高贵。

女人要学着用心经营自己，它体现在自己的外表以及涵养上，每一个女人都是特别的，都应该有自己独特的内涵美。

在某些程度上，一个人的内涵美与她的气质是相辅相成，有内涵的女人也有着很高的品位。品味的高低取决于一个女人在日常生活里对新事物的发现，品位是自己独特的味道，每个女人都要有自己的品味，一个廉价的饰品只要戴出了属于它的另类,它也能够表现出自己的品味。

内涵美是需要内在的修养和智慧填补的。女人到了三十岁左右,接触了几年社会,有了一定的人脉关系,在与别人交往的过程中,要想能征服别人,就一定要注重自己的谈吐、修养。谁也不会相信一个不喜欢看书的女人,她会是充满智慧的。没事的时候,到书店逛逛,认真挑几本可以提升自己的书籍买回家阅读,不管是名著还是理财,抑或激励方面的,都有值得我们学习的地方,书可以让人们的生活丰富起来,也可以让人们的思想改变,增长见识。

内涵美的女人一定是很喜欢看书的女人。她一定是沉静且有着很好的心态,因为在书籍的海洋里,女孩可以大口吸收营养。喜欢看书的女孩,一定是出口成章且优雅知性的女人。认真的阅读,可以让心情平静,而且书籍里暗藏着很大的乐趣,当遇到一本自己感兴趣的书时,会发现心情是愉悦的,而且每一本书里都有着很大的智慧,阅读过的书籍都是女孩社交的资本,相信没有人会喜欢与一个肤浅的女孩交往。选择了合适的书本,它能够教会人很多哲理,以及会让你学会以一种平和的心态去迎接生活的痛苦与快乐。

有内涵修养的女人与人相处时,大度宽容。社会并不是一个任性的地方,那些大小姐的脾气要慢慢收敛了,因为可能有时候就因为你的计较会让你失去自尊,成为被人指责的没有教养的女人。给那些不友好的人善意的微笑,能够让对方无地自容,也能够给别人留下大度且善解人意的好印象。忍耐并不是懦弱,也不是伤自尊,而是宽容。请放下理直气壮的坏脾气,在适当的时候让一步,不仅可以体现出你的涵养,而且还会让你成为真正意义上高贵的女人。

现代女性要做到不媚俗、不盲从、不虚华,自然少不了要有这种让男人倍加欣赏的高贵气质。有位中年女性发现丈夫对自己越来越不感兴趣,常常寻找一些借口出去应酬。回到家里还有意无意地大谈他公司的女助手如何如何。对着镜子她痛惜自己青春已逝,于是,她决定到举世闻名的美容院去做一次美容手术,让金钱帮助自己恢复逝去的魅力。著名专家凭借高超的技艺,的确为她恢复了昔日的光彩。她欣喜若狂地欢呼现代科技的杰作,并高傲地在人前晃来晃去,以显示她那风情万种的婀娜多姿。

丈夫终于回家来了,她柔姿绰绰地迎了上去,本想用昔日的热吻去唤醒他对往昔的回忆,然后再展示一下自己的姿容,给他一个意外惊喜。哼!看你还对我感不感兴趣。可是，她万万没有想到的是，丈夫好像没有看到她似地，一边脱外衣一边滔滔不绝地大谈他的女助手是如何的富有感染力，竟在今天的商业谈判中影响了客户的情绪，使一项本来很棘手的生意变得轻而易举。这个女助手一定是一个很性感、很年轻、很迷人的狐狸精。否则怎么会让自己丈夫这般着迷。于是她决心见一见这位女人到底魅在哪里。

一次她得知丈夫要和女助手一起去参加一个商业沙龙，她执意要跟随丈夫一起去，无可奈何的丈夫只好带她一起去。一路上她尽情地想像和描绘这位女助手的容貌和材的曲线，以符合她认为的性感的美丽。可是，相见之下，却使她大吃一惊。那位女助手既不年轻，也不美貌，更无法和性感的自己划上等号。但是，勿容置疑的是所有接近这个女助手的人都毫无例外地被她吸引和感染。甚至连嫉恨在心的自己也无法抗拒她性格的魅力。她在事业上富有创造的进取，新颖独特的创意，巧于周旋的干练，自信乐观的感染力，渊博的学识，诙谐幽默的话语，既显得亲切温文有礼，又挥之自如潇洒得体所有这些，透过她逝去的容颜闪烁着生命的内在光芒——而这，是任何一位技艺高超的美容师所无法创造的。

妻子终于悟出了一个真谛。"谁也无法抗拒岁月的印痕，青春和美貌的魅力不会永存。只有她丰富的文化内涵和阅历所赋予她的气质的魂魄，才是无以伦比的恒久魅力，她随时间的叠加而与日俱增。青春的美貌漂亮一时，内涵气质的美丽一世。"

高贵其实是与爱情一样难以企及的境界。我们每天在梳妆台上堆满形状各异的瓶瓶罐罐，服用各种据说有神奇力量的物质，我们作出如此的努力，但可能做到的其实仅仅是达到漂亮。漂亮与高贵当然有天壤之别，漂亮固然悦人，高贵却是令人怦然心动；漂亮是物质人的景观，高贵却要靠一股无形之精气神。

小仲马的《茶花女》中的主子爱上女仆，只因为身为女仆的那个女人气质高贵而又有十足的女人味。这种女人往往会给男人生活信心和勇气，因为我们生命里潜存着一种净化男人心灵、激励男人斗志的人性魅力。现代女性要做到不媚俗、不盲从、不虚华，自然少不了要有这种让男人倍加欣赏的高贵气质。

所以很多人用山茶花来形容高贵的女人。山茶花有一种藐视风寒，傲霜斗雪，顶凌怒放的气质。人们见到它，会受到坚强、刚正的高洁气质的熏陶和修养。

小仲马和这个故事的缘分，源自于一次拍卖活动，正因为这次的拍卖活动，小仲马给我们记叙了一段至纯至深的爱情故事。茶花女为了圆阿尔芒父亲的请求，"演戏"重返认识阿尔芒以前的奢靡生活，她的痛苦她内心所受的煎熬没有被阿尔芒理解，阿尔芒想尽办法的折磨、凌辱茶花女。这个绝望的女人最终逃离能够经常见到阿尔芒的城市，在思念和病痛的折磨中死去。她的灵魂一定会升到天堂的。她对阿尔芒父亲的尊重、她对爱情的忠贞、她的宅心仁厚足以感动上帝，让她的灵魂升入天堂。

茶花女病痛中写给阿尔芒的日记，让很多人泪流满面。她无奈的流露着对心爱的人的思念，和对自己先前行为的忏悔。她是一个外表脆弱而精神却十分高贵的女人。阿尔芒为了再见茶花女一面，不辞辛苦的选择唯一的办法：迁墓。他的这种举动不仅仅源于他对茶花女的爱，茶花女的伟大举动，茶花女高贵的品格使得阿尔芒不得不想尽办法的再见茶花女最后一面。茶花女和阿尔芒虽然没有白头偕老，但他们的爱情不是悲剧，他们忠贞不渝的爱情，心与心的相印会是永恒。

《罗马假日》中安妮公主的扮演者——奥黛丽·赫本，她优雅高贵的气质让众多影迷为之倾倒。她绝不仅仅是一位伟大的电影明星，而且还是二十世纪最受人们崇拜和仿效的女性之一。

高雅和久经世故使得奥黛丽完全迥异于同时代玛丽莲·梦露·伊丽莎白·泰勒这一类型的女演员。按照五十年代的审美标准，奥黛丽·赫本似乎太高挑纤细了，而奥黛丽本人对于自己的外表也不甚满意。平胸，清瘦，细长的手足，而且确实很高（五英尺七英寸），这些都粉碎了她能够成为与玛戈特·芳廷齐名的芭蕾舞蹈家的梦想。但是，她苗条的体形，完美的身姿，优雅的动作以及贵族的仪容却使观众深深着迷，并且萌发了大众对于女性美的一种崭新定义。

她的外表是那么的独特，远非虚夸的人工雕琢，她的着装强调了她的苗条纤柔，她具有一些特殊的天赋，包括了她总能以最少的服装穿出最佳的效果的非凡才能。赫本的吸引力并非来源于性，至少也不是直接通过性来达到的。她将温顺柔弱的女性特质予以具体化，不仅受到男人们的爱慕，也受到女人们的崇敬。我们不会忘记她那混合着魅力世故与优雅又时而糅合着贵族气派和孩童般天真烂漫的形象。实际上，奥黛丽不仅仅展现出一种新颖的样貌，而且创造了一个全新的女性形象。巴里·派瑞斯说："自莉莲·吉许以来，那些拥有孩童特质的女人开始吸引人们的注目，但赫本的那一个版本却携着逼人的魅力和世故复杂，大多数迷人的女演员都是从女招待，女店员做起，通过她们的努力被举荐整饰后而获取了成就。但奥黛丽·赫本不是，她或多或少是从另外一种形式达到这一点的，像波提切利半个外形的维纳斯塑像。美丽与魅力可能是同时存在的，但这绝不意味着它们是等同的。视觉上的美感是必要的，但并不能充分表述出'魅力'二字的涵义，魅力更抽象\深奥，假如魅力能催人入眠，那么赫本无疑是她所身处的时代最能够充分证明的例证。"

设计师阿泽蒂纳·阿拉亚是这样描述她对女性时尚的看法："一个女人应该如一个女演员，经常站在舞台上，她必须时刻看起来不错且自我感觉良好。她的服装应该是她身体的一部分，她应该感受到它覆着她的身体。我宁愿女人的脸，身体和手比服装更受到人们的关注。服装只是一种装饰工具，以此来突出她的某些特质，强调她的美丽"。

在近代历史时期里某些女性引导着女人们，使她们在不知不觉中受到了潜移默化的影响，这些女性可能是杰奎琳·奥纳西斯，戴安娜王妃或者科科·香奈尔。但你还会想起某个人吗？最终的答案可能就是奥黛丽·赫本。

高贵是美的精华，是男人和女人毕生的追求。而如何成为一个高贵的女人，就要从培养自己的内涵美开始。从修养、涵养着手，慢慢地修炼自己的气质，做一个高贵大气的女人。

天然去雕饰：朴素之美

天然去雕饰，清水出芙蓉。朴素之美，是一种自然美，天生的自然。她无需雕饰，无需胭脂红粉来涂抹的青春，无需富丽堂皇的装扮，它源于一份平淡、祥和、清纯，于是显得格外淡雅。美在不浓艳，不华丽，不谄媚，不娇贵，不粉饰，不庸俗。它同样是一种美好的境界；一种优良的传统；一种高尚的情操；一种生命的动力；一种酝酿力量的源泉，一种藏掖闪电的渊薮。

朴素的女人，她不需别人视她为花瓶去作摆设，去迎合别人赞赏的目光，她只为自身的价值而存在，只为活出自我的品味，不会因名利、功绩而烦恼，不会因得不到太多人注意的目光而苦闷，她活出的是本色，是一份致真致性的美。

朴素之美是让你感受清新雅，感受那虚空超然，感受那纯洁高尚，感受谦和完美。没有了你往日的苦闷，没有了你往日的颓唐阑珊，没有了你往日的满心挣扎。

朴素的女人她不需要在人多热闹的误乐场所穿上伪装、戴上面具、翘着二郎再嘴里叼根香烟，她只是静静的幽闲的坐在一个灯光照射不到的小小角落，也许只是享受一份空灵中如诗如画的浪漫，享受那如涓涓溪水般悠扬的弦律。生活的平淡和自然，并不失她对美好的憧憬，对未来的奋斗和拼搏，她在默默的言行自己的承诺。她虽平淡却不失高尚；虽静默却不失谦和；虽平凡却不失奉献。那眉宇间展露的似水柔情，足以令你露目圆瞪，豪情喷发。

朴素之美是一种和谐，也是一种线条与轮廓完美的融合，更是一种文化底韵的流露。作为女人，理应从容地去拥抱上天给予的这份恩情。

而人仪表的自然美和衣着的素雅美，是朴素的综合之美。印度诗人泰戈尔说"鸟翼上系上了黄金，鸟也就飞不起来了"；蒙古族谚语说"美丽的姑娘最怕人往她头上插花"。可见美是一种自然的，简洁素雅的美，任何刻意雕琢，浓装厚彩，矫揉造作都不适宜它。朴素的打扮和简洁的装束，流露出一种人的本性美，彰显个人清雅洁净的气质，人们可以通过外表的朴素美，看到内心的真实美。

我国古人也相当的看重朴素之美，写文章他们强调自然简洁朴素为主。元好问提出文章要"一语天然万古新，豪华落尽见淳真"；梅尧臣云"天然情趣始为佳"；明朝末年，大戏剧家李丽翁主张写文章、演戏时最好能"全去粉饰露天真"，他说"妇人之衣，不贵精而贵洁，不贵丽而贵雅"。

中国的书画也强调朴素之美。书法，简朴淡素的墨色，使我们才欣赏到了气象万千，雄浑遒劲，天马行空，豪迈飘逸，回肠荡气，微妙微肖的作品，领略到了书法领域的艺术魅力。中国的水墨画，虽然只有一种颜色，但墨色的深浅得当，浓淡相宜，有的地方该疏则疏，该密则密。画家有时用墨如泼水，有时又惜墨如金，可不管如何它都做到收放自如，明畅而流利，充分展现了它的古朴的诗意和博大精深的中国文化。

勿要为了美误读美

随着现代社会的发展,对美女的福利也越来越多。不美的想美,美的想更美,就连娱乐圈的明星们,都嫌自己不够美,想变完美,所以使劲的发掘身上的美,然后改造美,延长美,于是乎很多人都开始整容。

时下什么最流行,当属微整形了,而且根本跟不上它的脚步,每次才听大家在讨论什么新玩意出来的时候,最新的微整型又推出了。微整型就是微微小动一下,如果太多小动那就跟大动一样,丧失了微整自然又不留痕迹的效果。

很多人说:"自己没好命,父母给了一张影响市容的脸,只好在后天来弥补一下遗憾。"于是乎做了"实验的白老鼠",结果美是美了,就是整张脸僵掉了!所有的情绪都无法显示在脸上,像中风一般,只差吃东西没从嘴里漏出来。

整容失败的大有人在,最为轰动的就是,韩国明星韩美玉,80年代小有名气,由于过大的脸盘被邻居们称为"电风扇大嫂"的韩某,之前对于自己的四方脸极其不满,因此按照"冒牌整容医师"的指示在自己的脸上注射了医生给的矽素成分的注射液,甚至还直接注射了豆油和石蠟。可最后四方脸没消除,反而脸比一般人还增大了三倍之多,完全影响了她的正常生活。韩某曾是八十年代小有名气的艺人,20多岁结婚之后便从此退出艺坛。如今再看到她与之前截然相反的一张脸,

曾经追崇过她的Fans仿佛受到当头一棒,根本不敢相信這是事实。

目前韩某通过SBS电视台节目制作部的资助正在接受精神科的治疗,等治好精神分裂症之后还会继续做整形手术。

在电视上看到这一事例的大多数韩国妇女们纷纷在电视台的官方网站上刊登文章,表示对于整容再也没有兴趣了。有一个妇女表示,为了做整容手术已经跟院方联系好了,但是看了這个节目之后完全打消了原来的念头。

每个女人都有追求美的权利,但是要适度的理解美,不要为了美伤害到自己。有一颗善良洁净的心,和一张朴素自然的脸,便是女人最美的资本,无须再锦上添花了。

若隐若现的含蓄之美

有一种东方的智慧叫做含蓄之美。含蓄美不是让人捉摸不透,而是矜持懂得分寸;含蓄,美并不是无情,而是在温柔中生出隐忍之心。

西方女子多肌肤胜雪,娇艳如花。十多岁年纪,便已亭亭玉立。着一花式吊带连衣裙,即可将身旁的人比拼了下去。若是在众人休闲度假的海滩,穿上色彩明亮的比基尼,裸露着大块肌肤,更是令所有的人不得不惊叹,年轻是这样的明耀与美好。

但这璀璨耀人的美,亦不过是几年光阴。西方女子一过了二十五岁,便呈出疲态。眼眉、嘴角,莫不显示出她的年龄。因为过度消耗青春,她们在青春期一过后,立刻颓败了下来,宛如秋日的枯叶,令人生出怜惜却亦只是无奈。很少有女子,能像海伦·米伦一样,到了七十多岁的年纪,亦还光彩熠熠,气质高贵。

如同海伦·米伦四十多岁时,亦还敢在电影中裸露身体,西方女子多性情大胆并崇尚身体的纯美。她们丝毫不避讳在他人面前裸裎相向。她们的坦诚,得以在摄影与电影中,更为艺术化地把女子的身形之美呈现出来。亦有少数女子更为大胆,在电影中不仅裸露身体,更是与男主真正地做了爱。比如《爱你九周半》。对于演员的想法,观众无从得知,但独独面对这样真实的场景,亦还是看得瞠目咋舌的。

东方式的含蓄之美让人崇尚。中国女子的旗袍包裹严实,女子的性情大抵能在旗袍的款式与花式上得以所见,但那大腿处的开叉,则又似女子欲言又止的心事,隐约间勾起男人的欲望。又或是日本的和服。穿在女子的身上,只看到她微微低头,后领处露出一截白皙的颈项时,便是要生出无限的向往来。

她们不以赤裸的身体来吸引男子,而是以自我的性情及所具有的女性的温柔,引领着男人自她们的身体上深入到她们的内心中去。

东方女子的含蓄,常令她们不善言辞表白,亦不曾有露骨的暗示。她们是庭院包裹着花蕊的海棠花,默默等待,等待爱人的现身,好开出洁白的花朵来，要令他闻得到清香。她们的娴静与安定，是要着男子花费数年来懂得并知晓的。打开一个女子的身体很简单，但要深入她的心灵，却是要耗时耗力，并且有好奇心，来时时探索。

因此，遇见一个合适的男子，亦是难的。但东方的女子，入定般地默默等待，面露微笑。

很怀念情书的年代，情深意笃，用心灵抒写而成。今人千言抵不过古人一句诗，越读越有味，如山花般烂漫，轻柔婉约，含蓄典雅，如温庭筠的"梧桐树，三更雨，不道离情正苦。一叶叶，一声声，空阶滴到天明"。

爱情最美好的时光，是彼此暧昧不明、欲说还休、猜来猜去时。李清照《点绛唇》里"见客人来，袜铲金钗溜，和羞走。倚门回首，却把青梅嗅"，意趣无限。爱情和友情一样，距离才能让彼此懂得。含蓄，是对爱情的尊重。

有一位驻外大使，曾经介绍过外国朋友看《梁祝》时所表示的不可理解。他们看"十八相送"看得很吃力。他们认为既然彼此相爱，明说一句就行了，用那么多暗示，岂不累人？社会环境不同，民族习惯不同，对含蓄之美的理解与欣赏水平当然也就不同。

《西厢记》中莺莺小姐就是典型的东方女性的含蓄之美。莺莺小姐不必明说，她的"深深两拜"，使人感到言有尽而意无穷，使人感到一切尽在不言中。莺莺小姐不明说，不等于她不想说；莺莺小姐不明说，不等于她不敢说。更重要的是，莺莺小姐不明说，不等于她没有说。莺莺小姐不明说，效果比明说还要好。

她的"深深两拜"，表示出她对未来的美好向往、对爱情的强烈渴望以及对意中人的深深祝福；她的"深深两拜"，既是对现实生活委婉的抗议，也是对安于宿命、自己的一切悉听别人安排那样一种传统进行抗议的信号。有这种信号和没有这种信号是完全不同的。如果没有这种信号，莺莺小姐后来的故事，就失去了全部基础。

长久以来，中国对女性美的衡量标准，是以男人的审美眼光作为标准的。因为封建主义文化是以男人为核心的，男人认为美的就是女人也认为美的。男人喜欢含蓄的女人，含蓄的女人在男人心目中代表着一种修养，一种品位，一种于无声中彰显魅力的出类拔萃。含蓄的女人在无声中蕴藏着一种欲说还羞的羞涩，而羞涩恰恰是女人最令男人心动的一大特质，它在某种意义上明确地代表了一个女人经事少、不世故、不张扬的清涩本质。所以，娶一个懂的含蓄美的女人为妻,是很多男人求之不得的一大梦想。

坚持自我,不人云亦云随波逐流的女人。时下,各种流行的东西与潮流实在是太多了,真的让人有些目不暇接的感受。而许多女人也在这滚滚的潮流中被彻底冲昏了头。今天练瑜伽,明天学游泳,后天做整容。等到再后来时,似乎连自己也有些找不着北了。实际,每个人与生俱来就有自己喜欢事物的某种天性。不需要时刻被流行的一些东西所左右。男人喜欢那些有着自己个性,并能坚持下去的女人。因为,当满大街都是整形出来的韩版美女时,有个没有开过刀的单眼皮老婆实在是太幸福了。

有自己事业,却知道在男人面前适时撒娇的女人。以往,有很多男人提起女强人都望而却步。因为,女强人在他们心中代表的是强硬与强势。这点,是确实让一贯以征服女人为己任的男人所惧怕与不能面对的。不过,现在,男人们对女强人的形象已经是彻底改观了。这是由于有很多巧笑倩兮做的一手好菜,又能在他们面前孩子气撒下娇的女强人,已经完全用行动告诉了他们。走出办公室后,所谓的女强人也就是一个普普通通的渴望爱的女孩子。拥有一个有自己事业的女人,也就意味着拥有一份强强联合的精致生活。如此,新新男人们又何乐而不为呢?

媚若明花,将风骚发嗲发挥恰到好处的女人。一个女人如果不幸一无才,二无貌,三又不想乖乖当厨娘时,就一定要会嗲会风骚。风骚这个词语原本具有很大的贬义。提起风骚就好比提起了放荡风流与魅惑狐媚。但是,现在,在很多新新男人心中。让他们趋之若鹜的女人是一定要有一点点的风骚与妩媚的。因为,这样的女人才是一真正天生的尤物,漫不经心的一举一动、一颦一笑都足以引发对男人的致命诱惑。所以,男人每每遇到这类貌不惊人,却媚若明花,会恰到好处地风骚发嗲的女人时,通常都会甘心情愿地俯首称臣的。

但随着社会的发展,现在女性也有了自己的话语权,女性开始建立她们的审美观,不再顺应男人的审美眼光。

温柔：征服世界的利器

什么是温柔？温柔是一句暖心的话语、一个系领带的手势；温柔更是一种智慧、一种修养，一种女性特有的美德。

女娲在创造人类的时候用了最和谐的美学原则，它赋予男性以阳刚之美，又赋予女性阴柔之美，两性之间以其特有的形态而形成鲜明的对比，组成了人类和谐完美的世界。

女性阴柔之美的核心便是温柔，"女人如水"是对女性温柔最完美的形容，女性之美，美就美在"柔情似水"。

女人的温柔是一种美德，具有足以让男人一见钟情、忠贞不渝的魅力。在男人挑剔的眼光中，盯着女人的美丽的同时心里同样也在渴求着温柔。在充满浪漫与憧憬的青年时代，女人的美丽或许会一时占上风，可当从感性回到理性的认识中就会明白：温柔比美丽更可爱。事实就是如此，在季节的变迁、时间的轮回中，美丽的外表会逐渐失去光泽，而温柔将永驻在心中。

男人外表虽然坚强，但内心往往却是很脆弱的，需要女人的柔情似水，柔声细语，轻怜蜜爱；需要女人有温雅如兰的外表和气质，有吐气如兰的声音，有含情脉脉的眼波，而男人则很容易被女人的温柔所感动。曹雪芹笔下的贾宝玉用"女儿是水做的骨肉"来形容大观园里的丫鬟姊妹们，如水一样清澈照人，温柔娇嫩，可见女性的温柔在男人的眼里是一种迷人的美，一种难以抗拒的力量，一种致命的诱惑。温柔是女人的秘密武器，是男人致命的诱惑，它可以征服任何一个男人。

如果说女人水，那么男人就是舟，水可载舟，亦可覆舟。大多数男人都希望永远待在温柔的水乡里，好梦连连。上帝赋予了女人水的灵性，只有识得水性的男人才能入得其中，出得其外，享受其中的乐趣。

一个女人，可以不漂亮，但不可以不温柔。男人可以抵抗沙场各式各样的诱惑，却无法抵抗女人如水的温柔。所有的男人在温柔女人的面前都会缴械投降，就算一个男人在外面是多么地高昂神气，多么地威严不可一世，但他在自己所爱的女人面前，温柔会将他所有的外衣都融化掉。而在那个时候，男人就像是一个寻求爱的孩子，想在温柔的女人的怀里永远不想醒来的孩子。所有的压力和疲惫都会因女人的温柔而化解成无限的力量和对生活澎湃的激情。

在现实生活中，男人的刚毅，女人的温柔是最好的互补，在男人面前女人切不可太刚毅，太刚毅的女人会被人误解为男人婆。会使人难以亲近，当然就会失去很多人生的乐趣。男人在女人面前也不能太温柔，太温柔的男人也会被人看成娘娘腔，优柔寡断，缺少男人味，安全感太少，从而会使人觉得是你是宝玉再世无所作为。

温柔的女人不一定有如沐春风的声音，但一定有如春风化雨的话语，失意时候的一声友好的问候，寒夜里的一杯热茶，机遇不佳时候的一声安慰。职场和情场得意时候的默契，或是无声的赞许，这些都足以让男人难以忘怀。所以，温柔的女人一定也是个心地善良的女人，一个对生活充满热情和希望的女人。

温柔的女人脸上一定要有自信的笑容，一个脸上有笑容的女人，她的机遇一定不错。女人的笑是其温柔最直接的表达，也是一种来自内心祥和的满足和自信！更是对他的赞许和认同！女人的温柔不可以依附男人，依附男人的温柔是卑微的，是一种无可奈何，也是一味的迁就和驯服。

温柔是现代女性不可缺少的美德，但在人格上一定要独立，要有独立的个人精神堡垒。在所爱男人的世界里你是旗帜，你可指引他，但不是监视和捆绑。温柔女人懂得情感的收与放，她的爱如陈酿的老酒，在举手投足之间就会芳香四溢。即便是不回头的男人也不会忘记她曾经的温柔。

每个人都希望对方来爱自己，温柔的女人懂得爱，更懂得宽容。因为爱才会更加宽容，因为宽容才会爱得更深。

女人也许不是男人的全部，但是，一个温柔的女人却能使一个男人理解生命的全部，爱了生命的全部。男人的一生若能得到一个温柔的女人，还有何求？

古人云：英雄难过美人关，并不是因为女人的美丽打动了男人，而是女人的温柔征服了男人。所以，女人不一定要美丽，只要她柔情似水，不咄咄逼人，那么她在男人眼里就永远是最美的！男人有时在外面工作得很累，女人用温柔可以化解他们的压力，让他们在心理上获得放松，有时一个温柔爱怜的眼神会胜过平淡的千言万语。所以,只有懂得温柔的女人才是最聪明的,她们知道怎样去爱男人,也知道怎样才能让男人更爱自己。

男人喜欢温柔的女人。女人温雅如兰的气质,吐气如兰的声音,含情脉脉的眼神,可以融化钢铁,可以让硬汉俯身从命。温柔不但是女人的美德,更是女人的智慧、是对男人的征服、是以柔克刚!女人的温柔就是给丈夫生活上精心的照料,事业上深切的理解,在人生的旅途中患难与共、风雨同舟、相依相伴到永远。

人为悦己者容,女人尤是如此。其实,作为女人最重要的不是美丽的容颜,而是内心,心灵的美丽才是永远的美丽。男人喜欢的女人是有内涵、有气质的女人,她不一定有美丽的容颜,婀娜的身姿,但她肯定要有一颗善良、温柔的心。

从古到今,男人喜欢温柔的女人,从来就没有变过。他们有时甚至喜欢靠在女人的胸口,说一些甜言蜜语。这时你不妨试着用手轻轻地,抚摸他们的头发,脸颊,脖子,他们会像一个乖巧的孩子,静静地感觉你的每一次触碰。男人赚钱养家非常不容易,作为一个女人,应该学会适度的宽容,如果你爱他,就在适当的时候把他当孩子看。这并不是一种轻视,而是一种温柔的关爱。

温柔的女人就像一块美玉,并不需要刻意地修饰与装点。温柔的女人丰富而又单纯,朴实而又清澈,她的特质恰与美玉的特质相同。

温柔的女人自有让男人不可抗拒的魅力。因为她的美丽是深蕴于内心之中,而形诸于外的,没有丝毫人为的痕迹。温柔的女人最有女人味儿,温柔的女人最让爱她的男人放不下。

温柔的女人可以任凭红男绿女在那里吵翻了天,也不会轻易受到干扰,她仍能独守着那一份娴静。她会专注于男人的谈话;他提问的时候,她会轻声儿地回答。当她高兴地望着男人的时候,她脸上也会有浅浅的笑涡,还会让人联想起荷塘上小鱼儿跃出水面的情景。

温柔的女人结了婚,能够成为贤妻良母。无论什么时候,她都会让自己的小家十分干净、整洁,让所有的家具、摆设都一尘不染。她会让一日三餐变化出无穷地花样儿,让自己的丈夫和儿女一年四季穿戴得干干净净、整整齐齐,能够让他们像模像样儿地出现在人前人后。还会让他们无论走到哪里,都忘不了她每天为大家冲泡的一杯咖啡、一盏热茶……

温柔的女人在结婚之前,心是系在父母身上的;结婚以后,心就全部系在了丈夫和儿女的身上。温柔的女人是一朵美丽的花儿,为了自己心底最爱的每一个人,永远娇艳地开放着。

温柔的女人并没有想到自己有多么高贵,犹如美玉从不知道自身的价值。她始终以一颗善良的心面对周围的一切,按自己的本分做自己应做的事情。女人是水做的,温柔的女人受到了伤害或委屈的时候,只会默默地流泪,只会向最亲密的人倾诉……

温柔的女人是一切屑小之徒觊觎的对象。温柔的女人是容易受伤的女人,就像美丽的花易遭摧残、无价美玉易被偷窃一样。而男人就像那一块钢一样坚硬,需要温柔的女人来柔化。

上天没有把美丽赐予世间所有的人,因此人的相貌有美丑之分,但却赐予每个人美丽善良的心灵,更重要的是给了人类完善自我的本领。一个女人可以没有婀娜的身姿,出众的容貌,也许这些生来就如此的东西是不可以选择的,但是她有一样东西是可以选择的,那就是做一个温柔善良的女人,还是一个泼辣凶残的女人。“我很丑,但我很温柔”,可见有一颗温柔善良的心,是可以弥补先天的缺憾的。“人之初,性本善”,如果善良是 平静的湖泊,那么温柔就是这湖泊上吹来的一缕清风。一个不温柔的女人,就算她的美貌倾城倾国,也绝不是一个可爱的女人,她的美貌可以迷惑男人一时,但却不会有一世的吸引力。

温柔能让女人的魅力永恒。温柔里面包含着一种深刻的东西,就是爱。这种爱之所以能够永恒,是因为它不是表面的矫揉造作,嗲声嗲气,而是生命本体自然散发出来的一种真性情。真正的温柔是不能用语言来表达的, 它是一种感觉。真正温柔的女人只要说几句话,甚至不说话,仅仅靠一个表情、一个动作就恩能表现她的柔情似水。女人如花的容貌会随着岁月的流逝而渐渐老去,而如水的温柔性情不仅不会老去,反而会日久弥新,并深深地滋润着男人的心田,让女人的魅力得到升华和永恒。

女性阴柔的生理特征是与生俱来的,但温柔的品格却需要后天的修养。温柔的女人要有“不以物喜,不以己悲”的心境,切忌易怒、易狂、急躁、暴躁,要保持一颗平常心, 从容应对一切事物的变化。温柔的女人还要讲究说话的技巧,不仅要有平和的语气、委婉动听的声音,而且还要注意语言的运用技巧,要经常使用建议或者劝慰的方式,而不是命令、指示的口气;要学会用简洁的话语关心别人,而不是唠唠叨叨地说个不停。只有克服那些影响展现柔情的不良性情,温柔的鲜花才会恒久怒放。

但女人的温柔是需要把握分寸的,如果温柔得过了火,就会转化成一味的顺从、迁就、柔弱,最后会丧失自己独立的人格,那样的温柔不仅不是美德,反而是一种耻辱。

真正温柔的女人应该是坚强的,从容不迫的,忍让而不一味地迁就,宽容而又保持自己的个性和尊严,通情达理但却要坚持原则。只有柔中带刚、柔韧有度的女人,才会光彩照人。

温柔的女人应该像一朵盛开的玫瑰,香韵四溢地展示着她良好的修养和品质,不卑不亢的身姿摇动着她高尚的美丽。

温柔的女人更像一把利剑,无论多么坚硬的铁壁都能击透。以柔克刚,用最弱的力量战胜最强的力量,征服对方,甚至征服世界。

卸妆后
我依然
很美

冰清玉洁的
知性美女

形象篇

容貌——最好的名片

容貌与他人的视觉距离和角度舒适而直接，是彼此交往中最引人注意的部位，也是女人特定的标识部位，认识、记忆一个人往往从容貌开始。人的第一印象对人际交往的影响力超过75%。想要留下好印象吗？请别忘记：眼睛、肌肤、妆容、笑容、表情……都在默默为你加分或减分。

容貌是人与人交往最引人注意的部位，也是女人个性化的部位。女人对容貌的认识和关注不应仅是漂亮，女人的心灵、内涵、才智、情感、情绪、个性等等方面的特征都会凝结在脸上。很多人认为"以貌取人"的观念是错误的，但在眼光锐利的人士眼中，据"貌"断人是常有的。因此，女人应该高度重视容貌对他人的视觉影响。

女人应该力求容貌给人的感觉好一点，也就是美一点。人与人交往，最初的印象非常重要，心理学上称为"首因效应"，这是说人与人第一次见面形成的第一印象，对日后的交往起着至关重要的作用，这种"首因效应"在整个交往中的作用力达75%以上。

女人初次给人的视觉印象美不美，会影响到对她的综合评价。人在潜意识中，通常容易受少儿时期形成的观念的影响。那些童话故事中的天使和美女都是美好和善良的化身，巫婆和丑女等同于丑恶和邪恶，这些观念常常会影响人们对女人善恶和好坏的评价，这就是原初的审美记忆产生的"触媒效应"。

女人到了二十几岁后，就要开始让你的美貌发挥作用了，在适当的时候让你的美貌掌握足够的发言权。漂亮的外貌并不是每个女孩都拥有的，让漂亮的外貌成为你的资本，在需要的时候使用一下，它可以开启你人生中的很多困境，虽然有时候有人说漂亮的女孩都是花瓶，但是花瓶如果摆在了合适的位置，它就是艺术品。女人的青春美貌也只是短短的数年，所以要善于利用你的美貌。

在爱情上有一见钟情。在你最美丽的时候，第一眼看到你，便爱上了你。正确的时间,遇到对的人。甚至还跳出了爱情范畴,比如在职场上,都强调第一眼就要给别人留下深刻的印象,所以你会发现,但凡看到的简历,照片上男人无一不是衣冠楚楚,女人无一不是娇媚可人,许多服装店还专门推出了面试装,给那些即将要去面试的人选购。

西人波兹曼洋洋大作《娱乐致死》的核心论调就是容貌重要,形象更重要。还有人说换成今天,外貌不佳的林肯肯定当不上总统,坐在轮椅上的罗斯福总统位子也坐不了那么久,他的意见是每天都整装待发,时刻准备着遇到心仪的人或事。

宛如那个叫许仙的少年对白素贞一见钟情,宛如那个叫刘骜的人,喜欢上了飞燕,宛如苏东坡热眼看王朝云,宛如刘彻看到李妍……之后呢?要是没有后来,那该多好。墨浪子同时代的纳兰性德表达了一样的意思:人生若只如初见。

现实生活中,因为形象不佳导致工作、爱情不顺的女人很多。一般公司裁员她们是优先考虑对象。分析一下,现在大多数都是大学学历,工作能力都相差不了多少,在形象好和形象欠佳的人中间抉择,当然是形象好的吃香了。形象不好,其实并不是指长相多么丑的人,而是不懂得打扮自己,不注重保养自己,穿着邋遢不讲究的女人,这样给人的感觉,形象就很不好。也就是说,除去天生丽质的长相以外,后天的努力、修饰、品味也很重要。

墨浪子在《西湖佳话·西泠韵迹》中借苏小小之口对阮郁说道:乃蒙郎君一见钟情,故贱妾有感于心。你倾心,我亦倾心;你爱,我亦爱。油壁车、青骢马,不期而遇,惊鸿一瞥,然后一见钟情。

让容貌更美一点,仅靠化妆是不够的,但并不是说不需要化妆。经常看到不少女人不大修饰容貌,甚至在重要场合,也不修饰容貌,我想这是对容貌的重要性认识不足,否则最低限度也会做点什么,如涂一点口红、修一修眉毛等等,方法差一点不要紧,至少表明你知道这对你的人生命运是重要的。

所以要想让人对你第一印象好,必须注意自己的形象。身为女人,一定不能怕麻烦而不去化妆,出门前精心打扮一下自己,永远以容光焕发的精神面貌示人,树立自己独有的美丽品牌。

青丝柔滑 魅力无边

头发是上帝赐给女人最美的礼物,历来都作为女性美至高无上的标识,再漂亮的女人如若缺少一幅完整的长发为衬,算不得是真正完美的女人。

席慕容说:"再平凡的女孩,如果有了一头飘逸的秀发,也会变得美丽动人起来。"刘德华也说过:"我的梦中情人,应该有一头乌黑亮丽的秀发。"

可见秀发对女人的美丽起着至关重要的作用。而对男人,又有着无限的诱惑。长长的秀发于女人犹如鲜花的花瓣、孔雀的羽毛同等重要,一袭亮丽的长发能使任何女人倍添妩媚、典雅、端庄、华贵、浪漫、诗意、神韵、隽秀、芬芳……

头发就如同女人的第二张脸,拥有一头飘逸美丽的秀发,不仅女性自己会增添自信与魅力,还可以吸引男性目光。在男人眼里,头发是女人最性感的标志。秀发是女人天生的皇冠,真实、美丽、荣耀。尤其是色泽、香味和动感完美统一的秀发,绝对是男人无法抵御的诱惑。

柔滑的头发同时还是女人味的源泉。出生于 19 世纪中,与弗洛伊德齐名的性科学领域里最早、最著名的先驱哈夫洛克·蔼理士曾经在他的著作《性心理学》一书中指出:"头发的诱惑力极大,它与性选择的视觉、听觉、嗅觉、触觉均有关系。"有 80% 的男人都认为,柔顺的秀发是女人味的源泉。同时,看到拥有一头充满质感、流光溢彩的青丝,男人也情不自禁地想要触摸。他们对女人歪着头抚弄头发时头发柔顺的滑下来的动作非常敏感,虽然可能很多女性都出于无心,但是大多数男人都会觉得女人的这个动作是在卖弄风情,那种无意之中散发的妩媚与性感会让男人浮想联翩。

但是男人所喜欢的秀发,是又直又顺又滑的秀发,而非干枯蓬松的直发,当然大波浪的卷发则又是另一种韵味。波浪似的大卷,随意地散落在肩上、后背,偶尔搭几缕在前胸,娇媚诱惑尽在其中,烛光下则更有一番境界,像是飘落凡间的精灵,丝丝缕缕缠绕在你心间,触动你的心弦,让你割舍不了那梦幻般的情愫……也有扎一个马尾的,用橡皮筋松松地束住,好似收住了散漫的心绪,立即显得精神了许多,束个高的呢显现了青春活力,略微低些的则显出成熟的风韵与沉静,其中滋味,有待男人们细细品味。

据研究,80%甚至更多的男人对女人头发的愿望和期待,是一头披肩的长直发,不喜欢烫发。有一首人们熟悉的歌《穿过你的黑发我的手》,听到这首歌的男人多会想到初恋的女人,初恋时多是青春的回忆,那个年龄的女孩不烫发。

然而事与愿违,70%~80%的女人烫了发,只有10%的女人仍然坚持直发。在大数男人眼里,披肩长直发是绝对至尊的一款发型。无论时代怎么变,流行趋势怎么变,男人的这个喜好似乎是绝对不会变。因为男人们不得不留短发,所以他们对长发有着天生的好感。飘逸秀发在阳光下发出光芒,秀发的主人转过头来,这个镜头是男人们经常幻想的情境。长长的发就那么随意地披着,从后面看呢,你总是满怀疑惑,这一头瀑布似的长发会映照出怎样的一个女子呢?抑或脸庞秀丽,或许优雅知性,也可能平凡淡泊?你会渐渐在猜测中转到前面,揭露谜底,静静地享受这份欣赏的乐趣。曾经有笑话说,有男人看见了女人姣好的背影,所以拼命追跑到正面看了之后吓得逃开了。可见男人是多么痴迷于女人的背影,特别是有着一头柔顺秀发的女人的背影。

也许人们逐渐意识到了发柔顺的诱惑力,大多数女性都开始注重秀发的保养。那么,如何才能拥有一头柔顺亮泽的好头发呢?其实一点也不难做到,只要在日常生活中你稍加注意一些细节就没问题。

首先头皮清洁很重要,很多头发不浓密的姑娘,在洗头时都不敢碰头皮,担心加重落发问题。但其实,洗头时掉下来的头发都是在干发时就已经脱落,只是在洗头的时候掉下来而已。清洁头皮,尤其是油性头皮是非常重要的。只有把毛囊彻底清理干净,才会养出更苗壮的新发。还要注意,用手指肚按摩头皮,而不能用指甲抓。

其次,洗头的时候先后顺序也尤为重要。头发毛燥其实就是毛鳞片翘起的问题。如果你在洗头的时候注意从下至上捋着头发洗,那么这个问题也可以得到很好的缓解。具体方法就是洗头时双手张开,成龙爪手状,然后插入头发间,从上至下慢慢洗。这样一来,毛鳞片完全没有翘起捣乱的机会了。

然后洗完头要马上吹干头皮。很多人洗完头以后,习惯撩着发丝吹头发,但这样会大大增加吹风时间,容易增加对头发的伤害。正确的方法是用手撩起发根,快速晃动吹风机,吹干头皮。另外,也不用一味地排斥吹分机,因为这可以让毛鳞片充分闭合。也不用吹至全干,七八成就足够了。

除了这几点小技巧,又该如何进一步呵护秀发呢?当然保养也少不了,要知道柔滑的秀发是养出来的,特别是现在人们经常烫染头发,导致头发干枯开叉缺少光泽。到了秋冬干燥季节更是头疼,头发常常出现打结和静电的现象。那究竟是什么原因呢?原来头发中含有大约15%的水分,但如果低于10%,就会立刻呈现种种毛糙状况。小巧玲珑,一触瞬间心动,永远是女性的梦想和追求,如果含水分不足,便不会饱满柔润,也就是说我们的头发出现那样的现象就是该补水喽!应该及时有效的给予滋润和护理来帮助你还原柔顺健康亮泽发丝,让秀发由内而外焕然一新,焕发新生的活力!

偶像剧《丝丝心动》详述了一个来自花菇村的女生晓柔,因为一头漂亮柔顺的头发,在工作和生活中充满自信不断努力,最终成就了职业梦想并收获了挚爱的故事。

剧中晓柔凭借一头柔顺电人的秀发,抓住事业上每个小机会,不断脱颖而出,最终蜕变成有名的女主播。在沙滩上,邂逅心中的王子,与欧阳晨发生了一段中国式"浪漫满屋",她的头发令晨每一次触摸她的每一根发丝时都心动不已。所以秀发成就晓柔的事业跟爱情。更准确的说是柔顺的秀发成就了她。细心的观众会发现剧中的晓柔一直都是披肩长直发,最多扎一下马尾,你可以说她是一成不变,你不能不说她一直都那么出众,丝丝秀发一直俘获着男主角的心,同时也成了少男少女杀手,多少少男为之着迷,多少少女为之羡慕。如今,好多时尚女孩为了追赶潮流,一会儿来个婉约的小波浪,一会儿整个性感的大波浪。爱美之心无可厚非,不过烫发很伤发质,为了保持秀发的美丽,晓柔坚决不玩多变!

晓柔凭借这秀发这件宝,拥有了如此迷人的秀发,可谓玩转职场和情场,如鱼得水!相信各位女孩得此法宝也定能笑傲江湖,纵横天下。

毋庸置疑有着柔顺秀发的女孩耐人寻味,慑人心魄,女人味会细细密密地渗透到你的皮肤、骨髓甚至内心深处,魅力十足。披散柔顺靓丽秀发的女人总是美丽的,黑黑的瀑布顺肩而下,一种飘逸、优雅的美丽。当女人的发梢滑滑、丝丝地扫过男人的肌肤时,有多少根发梢便会传递多少缕柔情蜜意。

有时候,柔顺的秀发被风扬起,飘着几缕发丝在脸颊两侧,这时候细细打量女人,平添了几分妩媚,举手投足间不经意地用手掠一下长发,则更显温柔,就像徐志摩的诗里写的:最是那一低头的温柔,像一朵水莲花不胜凉风的娇羞。女人的柔媚娇羞都显现出来,你恨不得细细去抚摩那长发,心中顿生怜香惜玉之情,有一股拥抱的冲动和保护的欲望。人说柔情似水,女人的柔情就在长发中迎风飘洒。长发四溢着柔情,柔情的长发代表女人的人性美。不懂得长发的柔情,就不能体会到这种人性的美。

秀发为谁而柔滑?为爱而柔,为心中的他而柔。有哪个男孩不喜欢柔顺秀发的女孩呢?那个远远走来的女孩淡淡地微笑着,一头秀发柔顺光滑,她的心此时此刻定然盈满了爱恋和欢喜。被人爱着的女人,总是幸福的,也是最美丽的,就连她的秀发也会焕发出炫目的光彩。当心爱的女孩偎在他的怀里,长发轻拂他的脸颊时,男孩怎会不如痴如醉!抚摸着那些柔柔亮亮的发丝,呼吸着淡淡的发香,男孩会在心中暗暗发誓一辈子对她好,期望与她长相厮守。

世间几乎所有的女子都想拥有一头人人羡慕的秀发。长发是女子自怜自爱的一种象征物,是情的寄托。女人往往要为喜欢的人留一头柔顺的秀发,来装扮美丽的思念。在她慢慢地梳理自己的秀发,在她从镜中顾盼欣赏自己长发的风姿时,心中一定荡漾着柔情蜜意的涟漪。也有的是为了心中那段不了情而把秀发留长,随着头发的增长,相思也如长发一样长了又长……

因此,女孩子爱惜自己的秀发,其实就是陶醉于绮丽的爱之梦。心中有爱的渴望,有爱的想象,有被爱的喜悦和骄傲,秀发自然也就亮丽起来了。那根根秀发其实就是缕缕情丝,缠缠绕绕,缠住了女孩的梦,绕住了男孩的心,缠绕出一世或者一段缠绵的爱情。长发情结,结在男人心中,也结在女人心间!

现在网络很流行一句话"待我长发齐腰,少年娶我可好"。爱的契约,以秀发为限,表达了对爱人持之以恒的感情。这句话出自《十里红妆》,原文是这样的:待我长发及腰,少年你娶我可好?待你青丝绾正,铺十里红妆可愿?

由此可见秀发也是爱情的一个寄托,是美的象征。

美丽的秀发定然柔顺飘逸,如瀑布一般炫丽。女人如果有一头乌黑顺滑的秀发,无论走到哪都会是一道赏心悦目的风景,走起路来,一步一摇,亭亭袅袅,更显风姿绰约,魅力十足。

花样百出的发型

发型是构成仪容的重要部分。恰当的发型会使人容光焕发,充满朝气。发型的选择也应该根据自己的脸型、身材、气质等来选择。

一头柔顺、乌黑、闪亮的头发能给人增添不少美色。那么,一头好头发再加上个人的梳妆以及理发师高明技巧的美化,定能使女人显得更加妩媚动人。

提到发型,很多人会立马想到时尚两个字。没错,发型是时尚的脉络,也是走向时尚最直接的蜕变。在时尚界众多时装秀中,各明星大腕都靠发型来竞相斗艳。

值得一提的是,李小璐在巴黎时装周出席 Dior 秀场时,以惊艳的八爪鱼头让人眼前一亮。发型师在李小璐的头发上,打造出多条小麻花辫,然后再集中盘在一起,像是一条妖娆的八爪鱼依附在小璐性感的脑袋上,呼之欲出的白嫩双峰也想在巴黎的街头透透气,仿佛努力要挣脱薄纱的束缚。于是,小璐的出现,顿时照亮了巴黎的街头。李小璐这款时尚发型,把我们所有人的眼球都吸引过去了,将时尚感无可抗拒,无刘海的设计露出精致的五官,魅力十足。一个夸张点的眼妆搭配抹胸白裙,引领着时尚的主流,劲爆整个气场。

而发型的良苦用心也很符合气质。这款具有非洲民族风情的辫发,透出股不羁野性的美感,高盘起的发髻又让发型多了些高雅。总之这款发型非常特别,搭配上咖啡色烟熏妆和橙色的腮红,看起来既诱惑又亲切,是李小璐造型上的突破。

近日,阿曼达·谢弗雷德现身纽约为新电影《拉芙蕾丝》(Lovelace) 宣传造势,她上演一日发型百变秀。

她选择以清新自然的披散金发出席新闻发布会,看起来不多加修饰,但发丝自然散发的光泽感以足够吸人眼球,看起来十分有质感且充满知性韵味。阿曼达立马变了一个人,将原本披散的头发梳成优雅的公主头,内扣的发丝也全部拉直处理,顺直无比的 All-Back 式半披发型不留一丝碎发在额头上,清新十足十分适合户外场合。

然而走到户外的阿曼达立马变了一个人，将原本披散的头发梳成优雅的公主头，内扣的发丝也全部拉直处理，顺直无比的 All-Back 式半披发型不留一丝碎发在额头上，清新十足十分适合户外场合。

背后看更是藏着小心机，阿曼达将传统公主头加以改造，将披散马尾编织成麻花辫，让优雅的造型更适合平时出街装扮，利落大气又自然不造作。

这样有点复古味道的性感卷发搭配红唇再适合不过了，所以阿曼达将白天出街时的甜美樱粉色唇彩变成饱和度极高的艳丽红唇，连眼神中都透出一股倔强的性感。

发型上的大胆对明星来说是一次突破、蜕变、也是一次美的升华。多么美好的事物看久了也会产生视觉上的厌烦，所以我们要不断地改变，不断地与时俱进，发型的改变也预示着人们的品味不断的在提升。早在 20 世纪 50 年代，妇女中最流行的发式是长及肩膀的"解放头"。短发比梳辫子省事利落，城乡妇女纷纷效仿，"解放头"迅速推广开来。爱美的人又将"解放头"略作修饰，有的别上个花卡子；有的在发卡上插朵小绢花。姑娘们还是喜欢梳辫子，不过单辫变成了双辫。扎双辫时，头发向后梳，在脑后一分为二，编成两条辫子。头绳扎在辫梢，也有不扎头绳儿扎橡皮筋、塑料筋，或束一绸布条的。双辫两条对称，姑娘们活动时，辫子跟着舞动，那时人们赞美一个姑娘时，总会说"头上两条长辫子"。

到了 1950 年代，烫发的妇女也不少，式样多为大波浪，如同过去石狮子的头一般。

20 世纪 60 年代大搞"阶级斗争"，妇女们剪发变短，发稍与耳垂齐，很少有装饰。这时女子发式首先被"造了反"：梳长辫子的人必须将辫子剪短，不许超过肩膀；烫发被视为"资产阶级"的发式而销声匿迹；短剪发流行，成为革命的标志。

改革开放 30 年来，女人发式随着开放的春风再度鬈曲，百花齐放。烫发很快风靡全国，理发馆的新名称叫做"发廊"，越做越红火。到 80 年代后期，烫发已经是很平常的发型了。细数一下改革开放 30 年以来女生流行的发式，曾有十款不同的发型都曾风靡一时……

1.大麻花辫：中国女性向来有留长发的习惯，所以大长麻花辫成了经典发型，梳直长发各分为三缕，结为"麻花"型；有两根分在脑袋两边的，更有一根长长的托在背后的，撒娇时，甩起来很好看。往往越长越稀贵，甚至有大姑娘留到一米多长的大辫子引以为荣的。但是结婚后就要把辫子挽起来改成发髻,以表示稳重端庄。随着改革开放的深入,这种大辫子渐渐消失了。

2.双小辫:卷发也好直发也好,均分成两边在脑后扎成两个小辫子,既潮流又便于工作劳动。后来又发展出两边不均分的扎法。特点是短小,显得干净利落,不大结麻花了,又称为"小刷子"。通常女工和大学女生喜欢扎这种"双小辫"。

3.卷花头:那时烫发并不复杂,只把头发弄卷,没有造型可言。有"热烫"(加热成型后再烘干)也有"冷烫"。那时不少女孩买了发卷自己做卷发,经常可看到顶着满头发卷的人走上街。北方还有一种"削半花",就是把短发略微烫一下,再把烫出来的卷花削掉一半,很时髦。

4.稀刘海:中国女子额头的"刘海"早就有了,是从戏曲"刘海砍樵"的装扮而来。但一般刘海不能覆盖眉毛遮到眼睛,且不能过密。说是稀刘海,实际上就是梳头的时候刻意漏掉些许几根飘在前额。这个稀刘海有多稀?数数有多少根就知道了。

5.马尾巴:对女士来说最保险而且显得自信的发型,当属在脑后或头顶把头发扎成干净整齐的马尾巴形状,利索自然而不太夸张,给人成熟又活泼的感觉。当时很时髦,带点儿洋气。

6.拱发:取头顶的一撮头发扎起来,并且向上拱起形成一个包,用发夹或猴皮筋、色带固定。据说这是"增高"的好手段,很受小个子女孩的欢迎。

7.披肩发:前额不蓄刘海,把头发往两边梳开,自然随意披在肩头,赋有飘逸感。当年"青春偶像"林青霞这种清纯的披肩发造型,是80年代女孩子纷纷效仿的对象。可以拉成直发,也可以烫成卷曲形。更可以染成金黄色、银白色、火红色甚至蓝色、绿色、胡萝卜色、西兰花色……

8.学生头:学生头,望文生义就是中小学女生爱梳的青春发式,可算是流行最广也最久的发型了,到如今仍在发廊占有重要的一席之地。只不过如今的学生头层次感更强了而已。

9.盘刘海:过去刘海之所以是刘海,就得乖乖地呆在额头上。然而时尚潮流颠覆了它,悄悄让刘海变成可以像发辫一样扎起来,或分为许多股,可以自由发挥的发型。

10.BOB头:这款类似于樱桃小丸子的发型,跟学生头还真像。不过BOB头的招牌,即是整齐严密的刘海,缺此便不可称为正规的BOB。

纵观过去现在,通过发型的改变与流行看到了中国历史在改变进步,也表明了,女人们对发型的要求越来越高,品味越来越好,对美的追求越来越精致,所以单单的一个发型所包容的文化内涵太深厚了!

现如今,随着经济改革的推行和与西方世界的重新接触,现如今的人们不再只是穿着单一、发型单一的千人一面型。尤其是都市靓丽的女人们,无论是从着装上还是发型上都成为了时尚的"代言人"。

有着百变发型教主之称的王菲,她不仅声音曼妙空灵无人可及,她的时尚敏感度也绝非一般人可以比拟,就算10多年前演唱会上的个性发型现在看来依然噱头十足。1995年在《讨好自己》的专辑中,王菲的蝴蝶发型在当年掀起了一股流行风,让人不得不惊讶于她无可挑剔的品位。后来在《菲靡靡之音》那张专辑中她尝试了乌黑的波波头造型,乌黑的秀发让人觉得不像真头发。王菲凭借它塑造出截然不同的"绝世歌姬"形象。在她的演唱会中,你可以看到各种让你瞠目结舌的发型,但放在她身上却觉得恰到好处,既不让王菲失去女性的特质,也不会让你觉得突兀"雷人",也许就因为王菲强烈的个性所以她完全能够驾驭住这些千奇百怪的发型。

从王菲退出娱乐圈到低调复出以来,王菲也较少出席公开活动。但每次出席,都会给人耳目一新的感觉,那是因为她总是以一头百变短发示人。可并不是每个人都适合短发造型的,因此要慎选适合自己的短发风格。那我们就来学习天后王菲如何示范她的"菲型短发"吧!

菲型短发 1:知性气质短发

乌黑的秀发显得庄重,传统的一九分界刘海散发着女人的知性美,配上那优雅的黑色曳地薄纱长裙,更显得气质非凡。

菲型短发 2:微卷厚重感短发

头顶部分发束厚重且微卷,制造出富有层次感的短发。前面的斜分刘海也相对厚重,是一个动感十足的发型。

菲型短发 3:复古式烫发

经过卷烫后的一九分界发束,呆板感消失了,复古气质油然而生。配上经典红唇妆和黑色烟熏眼妆,活生生的一个 80 年代古典气质美人。

菲型短发 4:潮流染色短发

层次分明的厚重感刘海,不规则的修剪,潮味爆灯。红铜色的染发,更是充满了一股让人热血沸腾的摇滚味道。

不一样的发型有着不一样的韵味，一个适合自己的发型能颠覆自己的形象，增加自己的气质，所以一定要找准适合自己的发型，这样才能扬长避，释放属于自己独一无二的美丽。

那么当代最流行发型有哪些呢？我们一起来总结一下。

自然随意的中长直发

纯美风格的中长直发发型自然而有气质，而且还能让你看起来更年轻犹如邻家女孩般自然纯美。不想再千遍一律，不妨尝试一款经典之美的中长直发发型，展现清新自然之美。

弧形刘海及肩直发：及肩中长直发发型，十分端庄典雅，柔软顺直的直发，展现出了女生清纯靓丽的气质，留一个圆弧状的斜刘海发型，给发型注入更多时尚元素。

中长发梨花烫：小清新范的直发发型，清纯甜美，又显得很是文静乖巧，覆盖住额头的齐刘海发型，甜美减龄的同时又很能修饰女生的肉肉脸，轻松打造出一张精致的瓜子脸脸型。

发尾微翘直发：这款直发发型打造出十足的飘逸感觉，绽放最清纯靓丽的迷人风采，可爱的齐刘海发型打造小颜脸，飘动感的直发发型，显清新唯美。

中长内扣直发：内扣的直发发型，脱了直发原有的沉闷与呆板感，随肩散落的直发发型，可爱又浪漫，厚重感的齐刘海发型搭配，既修饰了脸型，又显得无比的甜美可爱。

女明星也要年轻美丽，清纯迷人，所以在这一季她们纷纷选择了中长款的直发梨花头，直发梨花头能给她带来清纯可人的形象，而且又能变得甜美优雅。

唯美优雅的长直发

长直发一直以它经典的柔美在各种花样烫染中独树一帜。时尚大气的长发发型，一直以来都是十分受大家喜欢的。一款飘逸的长发，唯美大方同时又能赢得不少人气，轻松吸引不少异性男孩，因为直发在男人心中就是甜美淑女的好印象，特别有生动力，将清纯的魅力演绎得淋漓至尽，所以总会让男人有心跳的感觉忍不住想要接近你。

清新甜美的长发发型，十分显迷人，棕色系染发颜色，搭配粗毛线帽，更显可爱时尚感。

齐刘海黑色长直发发型,随意散在肩上,轻薄的齐刘海,文静可爱,青春逼人,衬托带电的眼神真是具有十足的秒杀力。打造出了清新小女生新甜美。

清新时尚的中分长刘海,突显娇小的脸蛋和白皙的肤色,十分修颜减龄。自然的长发搭配酒红色的染发,显得时尚优雅,轻柔可人;黑色的中分长直发随意披散,很有纯净的自然美感,更显唯美迷人。

长直发发型自古就是女性对于其自身天生的魅力最直接的展示。大多数男生心中的女神也是留有一头清纯的长直发发型的女生。不要以为卷发当道的现今长直发发型就不受欢迎了,其实,娱乐圈内很多女星一贯以长发出镜,超有味道,让我们来细数下娱乐圈内长直发,魅力十足的女星吧!

安以轩

一头健康亮泽的长直发与安以轩安静优雅的气质十分相称。厚重的发量却不缺乏灵动,举手投足间均散发出浓浓的女人味,别具风情。

陈乔恩

中分的直发很有气质,也将陈乔恩的脸型衬托得很好看。看似简单的长直发其实很有层次感,这样就避免了沉闷,同时还能减龄。让人猜不透的神秘和温婉,真是很赞!

范冰冰

将刘海拨到一边露出额头的造型十分大气,长发随意地散落,柔顺中又有些许凌乱,很随意的邻家女孩感觉。

王晓晨

这样的王晓晨,除了"玉女"还有什么更适合的称谓呢?让人忍不住感叹,美女即使不用在发型上下功夫也已经美翻啦!同样是中分的刘海让她整体气质十分温柔大方。MM 们想要变温柔就试试看这个发型咯。

汤唯

汤唯的造型一直很有东方古典美女的气质,优雅、自然、大方。这个造型中,将刘海进行外翻处理,露出光洁的额头,十分大气有魅力。微微有些卷曲的乌黑长发随意披在一边,增添了不少成熟女人味。

徐若瑄

如果你的脸型跟徐若瑄一样,是可爱精致的娃娃脸,那就大胆地中分吧!顺直的长发修剪出一些层次感, 显得不会太厚重。两侧的头发恰如其分地遮住脸颊多余的肉,起到瘦脸的效果。好看又好打理喔!

看来柔美亮泽的长直发发型设计也是美女明星们所喜欢的一款发型。因为有时这样简单的发型会让人都的气质更容易展示出来，而且，偶尔的纯真长直发发型也可以让我们重温清纯时代的甜美。

简洁利落的马尾

清爽干净的马尾，时尚有型，散发着青春活力的气息，虽是简单的马尾搭配一副墨镜，给时尚个性感加分。

马尾发型怎么扎更加时尚又新意？如果说日常马尾发型是单调的发型，那么在经过 T 台秀场马尾发型的轮番改造后，马尾从原本的简约状态，已经衍生出了许多的新鲜面貌。时尚好看的马尾发型，早已不拘泥于那种简单到可以一步造型的设计，更多的，是通过略微繁琐的步骤，打造出具有别样风情的时尚马尾发型。

质感低马尾

超级低、光泽、圆滑是这款质感低马尾的特点。将头发洗净后用吹风筒吹干，打上发蜡提亮头发的光泽度。然后从颈部稍稍留出一小撮头发，将其他头发用发梳梳到一起，稍低于耳垂的高度即可。最后用留出的一小撮头发将马尾缠起来并用小发卡别起来固定住。这样一款时尚的超低马尾就打造成功了，干练的 OL 一族十分适合哦。

代表人物：帕丽斯·希尔顿 (Paris Hilton)

帕丽斯·希尔顿 (Paris Hilton) 也是一个相当爱马尾的社交明星，不管是出席 PARTY 还是被狗仔队偷拍到的无数生活照里，她总是不离马尾。这款低马尾造型给她带来罕有的名媛气质，还是很赏心悦目的。

混乱纹理状马尾

蓬松感和凌乱美是这款发型最大的特色。前面扎马尾的的部分可以参照质感低马尾的步骤。但要注意这款发型的高度应与耳部最上端持平，扎马尾前将未扎好的发辫中心部分用食指稍稍向前推以打造蓬松感。将发辫扎好后就剩下最后一步：凌乱的纹理感，用大拇指和食指从耳旁开始揪出一小撮往外稍稍拉约 4 厘米的高度，间或 1 厘米的距离重复同样的动作。

代表人物：林心如

蓬松马尾辫是一种很自然随意的发型，往往代表着活力与青春，也是明星们的最爱。在生活中一向打扮很随性的林心如最喜欢这样的发型，这样的发型让她瞬间如 18 岁的少女般清纯可爱,美丽自然。

高马尾

简单的说,这个马尾辫打造起来十分简单。同样也是上发蜡保持头发的光泽度,将发辫扎于头顶。注意发带的选择,最好选择较为宽的皮质发带,个性感很强。

代表人物:章子怡

国际章素来以大方得体的清纯著称,招牌微笑,招牌马尾辫。2012 芭莎明星慈善夜在北京 798 举行,章子怡梳着简单的马尾辫,身穿蕾丝蓬蓬裙晚装出现。黑色短款裙装配以腰间的金色纹饰,既活泼俏皮,又显得十分高贵。

垂直感马尾

《吸血鬼日记》的女主妮娜杜·波夫也尝试过这款前卫时尚稳重端庄的垂直感马尾造型。不同于上一款的向天高发型,这款发型要有往下垂的感觉,所以在发辫扎好后需稍稍将发辫往下压。这次 Jason Wu 的秀场中国风韵十分浓郁,前卫时尚的马尾也成为了秀场聚焦的亮点,面对如此简单易学的时装周发型,你还能 HOLD 住吗?

将刘海和鬓角的头发梳起来,束在头顶,让长发自然垂于背部,更有柔美之感。

女王范十足的中分

并不是所有女生都想整天把自己打扮得好似萝莉,中分是一款彰显大女人魅力的发型,五五分发能在视觉上平衡突出脸部轮廓,无论是直发还是卷发,披下或束起,长发短发或是多种质感 MIX,都能打造不同 Style。而且中分永远流行,是高贵女人、名媛首选。

春夏 T 台上大热的中分直发延续到秋冬稍显呆板,正像 08 AW MEAD-HAMKIRCHHOFF 秀场给我们展示的那样,蓬松且微微卷曲的中分直发才能在表达干练态度的同时又不失柔美,在 09 春夏 CAROLINAHERRERA 秀场的前排,我们能看到好莱坞时尚评论家 Mary Alice Stephenson 也是如此,垂坠的中分直发在发梢处稍稍向内弯曲,优雅知性。

明星总是走在时尚潮流的最尖端,各种风格的造型都敢于尝试。女明星发型更是百变时尚,今天就让我们一起来看看下面几位女明星的中分发型,看看谁更有气场更有女王范儿。无论是中分盘发还是披发,都有各自不同的味道。

中分狂野长卷发

姚晨的气场向来很好,各种造型也是百变时尚,既敢于尝试狂野大气,又丝毫不排斥休闲随性,非常率性的女明星。这款长卷发狂野中透露出女王的气场,非常有范儿!

中分双发髻盘发发型

杨颖的双低发髻盘发非常可爱,衬得这张灵动小脸更加完美无瑕。双发髻太过稚嫩的话,就让中分露额造型来中和一下吧!

中分复古盘发

范冰冰的时尚品味如今已到了炉火纯青的地步,复古抑或妩媚,各种风格都驾驭得游刃有余,这款卷发复古盘发非常显气质,高贵又大气!

中分长卷发

林志玲的这款发型相对缺乏特色了,规矩的长发大卷烫发,低调的染发发色,中分也提升不到多少气场指数哦。

中分中长发

张歆艺的脸型、气质都非常适合中分,她的中分风格多样,既可灵动也可大气,这款飘逸的中长发是她的招牌形象。

中分长卷发

张雨绮更适合柔媚女人形象,这款长卷发也缺乏特色,小女人的味道多过御姐的味道,中分也发挥不了它的气场作用。

中分中长发

周迅本身也是有着气场女王的范儿,只不过这款发型实在体现不出她的大气,随意的发尾似乎未加修饰,发型削弱了她本身的气场指数。

孙俪中分剧照

孙俪的短发都很清新很有灵气,然而却甚少见孙俪的中分造型,唯有《甄嬛传》中饰演甄嬛的她,尝试了一回中分古装装扮,然而她这个尝试非常成功,这款中分发型气场非凡!

妩媚性感的大卷发

大波浪卷发最能体现出女人的性感与妩媚一面,也是最有女人味的发型,无论是红毯，还是晚会，甚至是剪彩。只要有媒体出现，当红偶像们总会不约而同选择浪漫卷发造型。在为维多利亚的秘密 (Victoria's Secret) 2012 最新泳装系列作宣传时，荧光比基尼外搭具有透视效果的镂空针织衫，在加上颇具性感女人气质的中分大卷发，简约而不简单。性感火爆程度，让无数美女不得不羡慕。

所以想摆脱稚气，增加女人味，一款适合自己的大波浪卷发可是很加分的噢！

莫文蔚在性感中带点慵懒个性，有自我风格的她，经常顶着松乱的大卷长发亮相。即使是常见的大波浪卷发，莫文蔚特有的蓬松、微乱的 feel，必须要发质较粗硬、低层次、无浏海的长发才能做到，否则卷度很难持久。

莫文蔚松乱的大卷大多集中在脸颊两侧，可以用细一点的电卷棒把发丝捲得更卷一点，再随兴挑松；如果是细软发，一样得靠玉米须夹在后脑杓内层夹出蓬松度。

虽说一头飘逸的直发是每个男生心中最美的风景线，但一不小心，就会变成乡下土妹子。让大波浪卷发来拯救你，同时也是突显女人味的首选哦！下面为大家推荐 4 款大热的大波浪卷发，准有一款是你所钟爱的。

混血风 个性女孩首选

随意而散乱的波浪使视线集中在你的脸部，尽管是长发，但使头顶的发束蓬松，同样可以达到小脸的作用！要从里到外将头发一层层烫卷，不可以偷懒，这样出来的发型才能有层次感。将头发拨乱打毛，显得率性随意。如同混血儿那一头天生的自然卷。

名媛风 乖乖女首选

将脸庞两侧的发丝烫成大波浪，突显柔软和优质的感觉。利用可可色的发色来打造气质美女，如同出入名门的大家闺秀。温和的色彩和肤色十分搭配，讨人喜欢。卷发量不应过多过密，否则易出现反效果。

气质风 大女人首选

在发长的 2/3 部分开始卷出不规则大波浪，脸庞两侧的长刘海往外微翘是这款发型的重点。大女人们通常展现出较强的控制力和主动权，此款柔和的卷发在中和强硬气质的同时，增添小女人的可爱味道。

邻家风 温柔女首选

无论是刘海还是发卷，都尽量保持最自然的状态，少许的弧度和微微拨开的刘海使人感到舒服和柔和。像温暖的星期日,在阳光下清爽而透明。适合春秋季的驼色展现出邻家女孩的甜美和善解人意。

时尚冷艳的水母头

水母发型上厚下薄如一支水母戴在头上,水母发型就此诞生!水母发型其实也是一个"懒人头",睡醒之后不用稍做整理就可以出门,有型又不麻烦,重点是穿什么衣服搭起来都超有个性!

今年最新造型就是水母头,就是厚厚的刘海,背面看头发分 2 个层次,里面的较长到肩以下,外面的稍短,肩部以上,形成一种上重下轻的蓬松感。对脸型的修饰也能起到起到一定的效用。有人似乎认为水母头就是 bob 头,但是二者是有区别的,水母头看起来更层次里面的界簌,而 bob 头看起来更短!

舍不得将长发剪去,又想赶搭流行鲍伯头的人,不妨尝试被匿称为水母头发型,只要将长发向后束起藏在外层的短发内,就成为最时尚的鲍伯短发。

千变万化的发型大战无时无刻都在身边,想成为最亮眼的就必须有自己独特的一面,人的第一眼往往看的是头发,独出心裁的发型,绝对会给你的风采加分。时尚的水母头发型受众明星欢迎,近年来一些文娱圈的大明星们纷纷也做起自己的水母头,例如杨丞琳为出新唱片,剪了个水母头示人,可爱程度即时 UP10 倍。二十几岁仍如此青春逼人而且可爱无比,或多或少都要归功她一直的百变扮嫩发型和流行服饰的搭配吧!

她凭借可爱的水母头可是引起不小的轰动哦,现在美眉们一起来回味下水母头!

水母头要怎么剪才适合自己?

其实水母头的确挑条件,除了大饼脸或发量不够的不建议尝试,其他颧骨高、局部肉肉脸……等缺点透过修饰微调,也能尝试水母头。

微调 1.刘海角度不要太夸张,两边的浏海剪长一点,用弧度掩饰脸型。

微调 2.包覆的短发层次放低。

微调 3.尤其重要喔!脸两边的头发一高一低、斜一边做不对称,整体自然有拉长脸型的效果。

怎么样,水母头有没有勾引起你做头发的兴趣?上面的三个方法能让你拥有属于自己的水母头哦,别让你的头发那么单调了,大胆的尝试也许能给你带来意想不到的结果呢。

干练清爽的短发

从娃娃般的齐刘海,到爆炸式的烟花烫,再到日韩式披肩的大卷发……从春天到冬天,时髦女孩儿不断变化发型,总能让人眼前一亮。

而最适合夏天的发型非侧分短发莫属,不但时尚而且清凉干爽。

八二分的短发。左边比右边稍长的短发,右边的头发短到齐耳处。刘海被八二分向左边撇,接着引向左边脸颊下垂的一缕头发。选择一款巧克力色挑染会让头发很有层次感,头顶的头发用发蜡固定,中性干练帅气度猛增!

前六四分短发。金黄色的时尚发型,左脸颊边相对微长的垂发,发梢很有技巧地微微卷起,后左边的头发被摆过来增厚右边的头发,同时可以营造蓬松感和可爱的感觉。选择一款橘红色带出年轻的活力,头发往耳后一放带出知性美人的感觉。

爽朗利落的短发,大面积覆盖额头的侧分刘海,配合精致的梳化,很多城市街上的大型连锁发廊里,连续两个月以来,给顾客做得最多的发型就是短发。"今年春天,我曾经一周剪了63个短发,顾客来了就要求把头发剪短,多长的头发都不可惜"。一名发型设计说。他还讲述他的"短发经"。"30年前短发就很流行了,有一部电视剧叫《女篮五号》,类似于里面的女演员剪的发型就叫'五号头'"程永生说,"现在,短发的样式多了,脸形不同,适合的发型也不一样。"

小S、孙俪、桂纶镁、郭采洁……这些短发女星用行动告诉我们,长发不再是衡量美女、女神的指标,短发同样也可以很惊艳。今天为大家盘点娱乐圈那些为数不多的长发见光死的短发女神。

长发的小S大家一定很不习惯,显得啰嗦多余,一改长发的小S像是找到了发型的福音,短发最为适合她的锥子脸型,辣妈发型的典范!

孙燕姿

不得不说长发飘飘的孙燕姿有些"路人甲"的味道,还有点男人戴了假发的感觉,可是变身帅气的短发马上显得精神不少,个性十足,还是短发适合她。

郭采洁

长发和短发都能够展现出郭采洁清新小女生的气质,但短发显然更加具有可塑性。厚厚的齐刘海短发富有自然随意清新感,好似邻家少女般甜美可人;贴面侧分的露耳短发则偏向正式场合,展现轻熟女的优雅高贵,自信大方,干练清爽。

李宇春

严格定义上讲李宇春并没有长发时期,但头发越短越时尚,头发越短越红的定律却是事实。早期的中性风爆炸短发略显青涩,也过于老土。虽然头发越剪越短,但中性味道并没有增加,反而彰显出一丝优雅时尚的女性气质。

孙俪

短发造型既可以小清新又可以重口味,自然蓬松的短发搭配碎碎的齐刘海,展现出高贵优雅的清新气质;而打蓬头顶发丝、刘海侧分的复古立体短发则气场十足,高贵女王范儿。相较之下,长头发和齐肩的波波头就显得过于小女生,毫无亮点和气场可言。

阿 Sa

一般活泼好动的女生短头发会显得比较可爱,而 Sa 的气质又恰好是精明灵动的感觉,而长发让她少了那份灵气和俏皮。

范晓萱

范晓萱的短发可是千变万化,从颜色到造型,今天是乖乖女,明天是摇滚妹,常常让人耳目一新。

麦莉·塞勒斯

长发时期的小天后麦莉–赛勒斯有着婴儿肥和甜美的笑容。而她却厌倦了做人们眼中的甜心,于是她一改以往风格,把原来齐肩秀发剪短,留起耳际短发,男孩气十足,青春活泼的美少女摇身变成帅气假小子。

桂纶镁

相对于清新短发,桂纶镁的长发造型稍显老气,并不能够展现出她灵气活泼一面。而柔美的短发造型更具小清新风格,优雅、减龄又甜美;男生气的中性短发也别具一格,时尚干练又清爽。

胡杏儿:从去年开始胡杏儿就为了拍戏减掉了多年的长发,不过令我们吃惊的是剪了利落超短发的胡杏儿似乎显得更加菱角分明,英气逼人,以强烈的港女干练风席卷各地。

海清:海清是为数不多敢在自己头上"动刀"的女明星之一。从原始黑、酒红、到特立独行的银发,每一次的尝试都给观众带来巨大的惊喜。似乎只有你想不到,没有她不适合的,如今短发也成为海清标志性的"代言人"。

俏皮可爱波波头

波波头就是中心在脑袋枕骨部位的比较厚重的一种短发,也就是 20 世纪 90 年代流行的蘑菇头。波波头是沙宣发的改良,在沙宣的基础上添加了颜色和层次,"波波头"的整体发型由略微内扣式的发梢与重重的齐刘海组成。波波头色彩上接近自然发色,非常时尚,也带有厚重的感觉。比起在美发厅打理好几个小时,很多爱美人士都选择用假发来做"瞬间"改变。看起来也蓬松有个性,俏皮可爱。

李冰冰在与孙红雷、段奕宏《我愿意》发布会上以新造型个性复古波波头出镜,所以个性波波头仍是今年的流行发型之一。看惯了李冰冰的长发造型,冷不丁的以超短波波头出现,还真是挺颠覆的。长发妩媚,短发的冰冰显得很干练。加上坚定地眼神,很有女强人的味道。发型亮点:这款发型很有特色,刘海不是很贴额头,稍稍有个弧度。耳侧的头发顺直有一个 30 度的下滑弧度,耳朵轮廓清晰可见,并不像其他波波头一并将耳朵全部遮盖。

范冰冰波波头很另类

范冰冰爱上了波波头,总是齐刘海波波头出现!发型亮点:"齐"就一个字,无论是头脸还是侧边的头发都是非常齐,在同一条水平线上。这样的发型搭配大红唇,复古味道很浓烈。

Baby 俏皮波波头

Baby 也是经常以长发造型出现的,她可能认为只有长发才能让她看的成熟一些。但是在《全球热恋》中的短发造型,让大家惊呼,这个芭比真可爱。发型亮点:短齐刘海,两侧的头发稍稍向前有个侧弯的弧度。巴掌脸就这样形成了。所以不要觉得只有长发能修饰脸型,短发照样能完美修饰。

个性不羁的飞机头发型

在上世纪 50、60 年代歌手猫王可说是"飞机头"热潮始祖。在上世纪 80 年代的日本街头,不论穿上西装的斯文人士,或是一身作摇滚打扮青年,不约而同都梳着一个"飞机头"。如今"飞机头"这股潮流又卷土重来,许多明星都率先以"飞机头"亮相。

王菲在重庆演唱会上赚足了观众眼球,整个演唱会下来,她的发型可以说是最大的亮点了,复古发型被她演绎的淋漓尽致,改良飞机头完胜了,侧面看飞机头是最过瘾的,吹高的发型设计,怎么看都是时尚,360度无死角。不愧是女神啊。

李玟担任选秀节目《中国梦之声》导师,并担任当晚开场演唱嘉宾,一身黑色皮礼服的摇滚打扮,她透露是 Lady Gaga 的设计师最新一季的作品,因此发型也大胆地搭上飞机头,显得野性,动感,震撼全场。

海清出席某品牌活动时身穿暗红色长款西服风衣,白衬衫男士领带,尤其配上精心打理的飞机头看上去英姿飒爽。

飞机头做法很简单,就是用定型水,吹风机做出来的。先把超长的前刘海往前吹,手托住前刘海,最后用定型水,打厚一点。在上世纪80年代的日本街头,不论穿上西装的斯文人士,或是一身作摇滚打扮青年,不约而同都梳着一个"飞机头"。"飞机头"又卷土重来,许多明星都率先以"飞机头"亮相。同时,这股潮流也延至女士头上,女星们也纷纷梳上"飞机头"。

飞机头,无非是用定型水,吹风机做出来的,先把超长的前刘海往上吹,手托住前刘海,最后用定型水,打厚一点。

详细步骤如下:

1.洗完头,先把头冠区吹蓬,用手倒扣着吹

2.把少许发蜡搓在手指与手指之间,搓匀,直到看不到为止,然后就不停往头上用手指岔开来抓,抓出雏形,刘海重点抓。

3.喷发胶,最好与你的头发平行然后隔10–20公分的间隔喷。

清新甜美的辫盘发

简洁的盘发令人显得清爽、利落,脑后细细密密的麻花辫子却又透露着女性的温柔、细腻。 这款辫子发型带有韩式的气息,采用时下流行的编发元素将长发编成了一个辫子,显得十分的好看,齐分的刘海设计,衬托出了女生俊俏美丽的五官,脸型显得娇小迷人,搭配上一顶优雅气质的帽子,尽显韩式优雅气息。在配上一个深栗色的染发能使整个发型更加动感有型,搭配淡淡的妆容,足以惊艳全场,倾尽众生。

从发顶处开始进行蝎子辫的编发,将这款辫子发型衬得蓬松有型,刘海处的发丝也被编进去,展露处一丝优雅气息,女生的娇小迷人的脸蛋凸现出来,舒服耐看, 加上一身长裙的点缀, 尽显美丽范。一头自然黑的长发扎起的辫子,首先给我们营造出一种清新自然的感觉,整齐的刘海设计,遮住了少许额

头，起到了修饰脸型的作用，女生娇小迷人的脸型在这款麻花辫衬托下展现出来，尽显清纯美丽。

如果你有一头秀丽的长发，却在为如何度过炎炎夏季而苦恼着。那么，你可以尝试一种长发的麻花辫新玩法：麻花辫盘发。它将麻花辫和盘发这两种发型手法合二为一，既解决了长发带来的炎热，又发挥了麻花辫的特殊魅力。

盘发重点：蓬松顶发+辫子盘发

明星示范：王艳

妆容清丽的王艳，选择这款干净简单又不失优雅女人味的辫子盘发，散发清纯如初的气息。用辫子的方式收拢两颊两侧的碎发，让发型看上去更加利落、精致，同时达到视觉上增加盘发发量的效果，特别适合量少或中等长度的基础发。

适合对象：基础发型量少或中等长度的女性、保持优雅同时又希望利用发型减龄的女性。

发顶盘发+民族藤编发带

明星示范：伊能静

盘发重点：发顶盘发+民族藤编发带

一向追求精美的伊能静，诠释起大热的波希米亚风情照样不输人，不愧是百变发型达人！将头发分成若干小束后朝不同方向往发顶蓬松扎起，脑后留出少许长卷发自然披散，增加女人韵味。配上民族风情藤编发带，个性潇洒态度带来别样浪漫风情，更具时尚看点。

适合对象：皮肤不够白皙、发量较多的中长卷发女性，不妨从民族风中找到自己的新定位。

慵懒别致的麻花辫刘海

当孙俪还是长发的时候，一头秀丽的长发吸引了不少人的眼球。经常拍摄时尚大片的她也很会在发型上做花样，这款别致的以麻花辫做"刘海"的造型让人眼前一亮，活脱脱一个欧洲小公主真身。

目睹完明星的风采，你是否也想尝试一下甜美的辫盘发？只要你按照以下的步骤定能打造出一个美轮美奂的自己。

1.编辫子的时候，手劲要匀，编出的发辫才能松紧一致。

2.用发卡固定头发的时候，可以将发卡尽量别进发辫里面，以避免"满头发卡"的尴尬局面。

3.如果嫌一条直线的发线太死板,可以用分针梳采取"Z"字型的办法把头发分成两份,每份头发的量差不多就可以了。"Z"字型的发线能令发型多几分活泼感。

步骤:

1.用分针梳将头发从中间均分成两份,梳理整齐。喷上少量啫喱水以便于梳理。

2.用橡皮筋固定好一边头发,将另一边的头发从侧面编起,逐步把剩下的头发加入辫子。左右两条发辫的操作方法相同。

3.用一小绺头发将扎头发的皮筋缠起来,让难看的皮筋"隐身"。

4.把编好的头发交叉在脑后盘起,用发卡固定。注意将辫梢隐藏在头发内。

说到这儿有些人不淡定了,被那些个性的发型吸引,想跃跃欲试。也有人有些担心,明星们能做出百变时尚的发型很容易,因为她们有专业的发型师为她们设计,作为平常人一旦做了那些发型,各种问题都接踵而来。其实,亚洲女性大多属于这种发质,头发较黑、较硬,富有弹性,握在手中有弹力感。偏硬的头发不容易弯曲,而一旦弯曲后又容易固定发型,觉得死板。这种发质要想做出随心所欲的发型着实不是一件容易的事。

不过俗话说功夫不负有心人,只要你对自己的头发上心一些,好看的发型也不是什么难事,让我们以明星做榜样,来帮你解决适合的发型和造型技巧。

问题1:刘海儿稍微长一点 都会挡眼睛

造型法:改变分缝角度 让刘海儿自然偏分

有一头垂顺头发,着实让人羡慕,但因为发质较硬,头发过于直顺也有不少烦恼。尤其是刘海儿, 就是不能顺着脸颊弧度自然地分到一边, 总跟眼睛"打架"。

做法:可尝试把刘海儿梳向和以往不同的另一侧,或剪成刚过眉梢的碎刘海儿。虽然突然改变分缝的方向,头发会变得不那么听话,但也不能大量使用发胶让发型呈现死板样子,可借助吹风机制造蓬松感,或用卷发棒让发梢带些卷翘。

问题2:头发太垂了 烫了也保持不了多久

造型法:大号波浪最自然

因为头发偏硬,会有过于垂顺的感觉,不是很自然。如果烫的话,发卷会比较死板,不妨每天用电卷棒卷两下,也就 10 分钟的工夫,头发就能变得自然微卷。

做法:卷发时最好用大号发卷,比较自然。建议先用营养水或是润发乳涂在发梢,这样能让卷发看起来更有光泽,有弹性。由于这种头发很容易修剪整齐,所以要尽量避免复杂的花样,简单大方的卷发就足够漂亮了。

问题 3:不管头发多长 总显得乱糟糟。

造型法:不如盘成花苞头

"自来卷"实在麻烦,不能剪短,过长又显乱。如果你是这种发质,不如利用先天条件,将头发松松地梳成发髻,那种自然的效果,头发太直的话,还做不出来呢。

做法:花苞头最适合你,就是那种发根看起来有些蓬松凌乱,发髻随意盘起来的造型。在头发顶部涂抹柔顺摩丝,再用扁平梳把发顶的头发稍微梳理整齐,然后松松地挽起一个发髻,最后用梳子把两侧的头发倒梳出蓬松感,不仅毛燥的发质得到了很好的遮掩,还能让你的脸看起来"小一号"。

问题 4:永远实现不了"清汤挂面"式的长发

造型法:将计就计把卷度做得更自然

相信不少自来卷们都尝试过离子烫、热能烫之类的,为了那短暂的垂顺,基本上一个月就要折腾一次。与其纠结于如何变成直发,不如就利用那个卷度,把它做得更漂亮。

做法:自来卷的头发一般比较干,看着很毛燥,造型前先用润发乳涂在头发上,用风筒吹干,同时用手将头发抓松。发根干后,将头发平均分成大约 10 份,将每份头发扭成一撮如蛇饼状,卷起并用发夹夹好。用风筒慢慢将头发吹干,5 分钟以后除掉所有发夹,再用手指轻轻拨弄卷发,就可以让发卷相当自然柔顺了。

问题 5:头发软趴趴地贴着头皮

造型法:借助发泥和吹风 让发根"立起来"

发质软其实在造型时是很大的优势,想怎么做都可以。但在生活中,软发质的烦恼也很大,那就是过于服帖。你最需要解决的问题是,让头发乖乖"起立"。

做法:曾听发型师说:想头发自然蓬松,就在洗头后,弯下身子把头倒过来(面朝膝盖),让头发自然下垂,用吹风机对着发根吹。吹干后保持此姿势,在发根涂上点发泥,然后将头发向后甩,用手指抓一抓,头发能保持很自然的蓬松度。就算两个小时以后变塌了,因为有发泥,所以随时抓一下发根就 OK 了。

问题 6：发梢轻飘飘的没分量

造型法：用焗油膏给发梢加点垂顺感

头发软,自然容易轻飘,静电之类的状况也随之而来,尤其是秋冬季,特别恼人。这时如果你再在发梢涂造型产品,只会让发梢看起来更软趴趴的。不如利用护发素或焗油膏的滋润度,给头发加点自然的垂感。

做法：用焗油膏只涂在发梢,厚一点也行,之后将头发吹干,会使发梢非常顺,焗油膏的营养让发梢吸足了水分,比起上面的头发要感觉有弹性,厚重些,这样的对比感让细软的头发显得垂坠了不少。

问题 7：怎么造型 头发都显得不够饱满

造型法：巧用刘海儿伪造饱满感

不管留什么样的发型最好都带刘海儿。蓬松的刘海儿不但修饰脸型,还能转移别人对你头顶的注意力。

做法：齐刘海儿是首选,齐刘海儿的蓬松度,能让头顶看起来饱满,或是那种上面长些、下层稍短的中长刘海儿,微卷在脸颊两侧,能从视觉上让发型有横向扩张的感觉。

问题 8：剪短发时 总像爆炸头

造型法：让短发稍微"长"一些

因为头发厚,所以短发很容易给人毛燥的感觉,这时选择齐耳短发是比较明智的,比如波波头,稍微厚重的发质,正好满足了波波头所需要的厚度。注意不要让头发齐肩,那样的长度会让你看起来像是顶了个钢盔。

做法：将后脑勺部位的头发从内打薄并用外层头发掩盖,使最外层的头发有自然内扣的效果,不用特意去吹风也能打造完美的弧型。分刘海儿时应适当遮盖额头,并顺着头发的自然生长方向分。刘海儿不要太短,最好长度过眉毛,否则它会"炸"在脑门上。

问题 9：想留飘逸披肩发 可头发就是"飘"不起来

造型法：让头发外层卷起来

羡慕那种能随风飘动的长发,可是头发太厚怎么剪都达不到那种效果。建议你利用大波浪卷的柔和线条,来减少头发粗硬、厚重的感觉,让头发层次分明。

做法:很多人觉得自己的头发太多了、太厚了,所以就一味地剪薄。那样的做法,会让你的头发看起来更毛燥,且一点层次感都没有。其实最简单的做法是,只需要将最外面的一层头发卷出大波浪,会让头发显得轻盈不少。千万不要所有的头发都卷,那只会厚上加厚!另外还有一个小窍门,就是洗发前和洗发后都用一次护发素,就可以感觉头发变得软一些,但是厚度是不会变的。

问题 10:剪短发时 总像爆炸头

造型法:让短发稍微"长"一些

因为头发厚,所以短发很容易给人毛燥的感觉,这时选择齐耳短发是比较明智的,比如波波头,稍微厚重的发质,正好满足了波波头所需要的厚度。注意不要让头发齐肩,那样的长度会让你看起来像是顶了个钢盔。

做法:

将后脑勺部位的头发从内打薄并用外层头发掩盖,使最外层的头发有自然内扣的效果,不用特意去吹风也能打造完美的弧型。分刘海儿时应适当遮盖额头,并顺着头发的自然生长方向分。刘海儿不要太短,最好长度过眉毛,否则它会"炸"在脑门上。

问题 11:想留飘逸披肩发 可头发就是"飘"不起来

造型法:让头发外层卷起来

羡慕那种能随风飘动的长发,可是头发太厚怎么剪都达不到那种效果。建议你利用大波浪卷的柔和线条,来减少头发粗硬、厚重的感觉,让头发层次分明。

做法:很多人觉得自己的头发太多了、太厚了,所以就一味地剪薄。那样的做法,会让你的头发看起来更毛燥,且一点层次感都没有。其实最简单的做法是,只需要将最外面的一层头发卷出大波浪,会让头发显得轻盈不少。千万不要所有的头发都卷,那只会厚上加厚!另外还有一个小窍门,就是洗发前和洗发后都用一次护发素,就可以感觉头发变得软一些,但是厚度是不会变的。

发质与气质

俗话说绝佳的气质胜过貌美的脸蛋，漂亮不见得就有气质，而有气质的人一定是迷人的。作为有气质的人，她们最注重不是流行风尚，而是内在的美，有质感的美，而这种美的体现实从头开始的，一个人发型对气质有着很大的影响，而发质的好坏而一款发型好看的关键。

范冰冰在一场 LV 秀场，一身复古装扮+头巾的造型美艳得无与伦比，而戛纳的电影节上，青花瓷的发型更是让人过目不忘，这些造型落在她身上，不仅不怪异，反而大胆又充满美感。她率先尝试了中长发的造型，引潮流之先。造型成功，一半得归功于她的好发质，浓密又柔亮，才能有这完美女神的称号。

因为发质差导致气质大减的明星也有，林赛·罗韩芭比就是这样变残的。

林小姐的事迹不用过多赘述，多少观众亲眼看着一个芭比娃娃如何将自己倒腾到今日的残样。不得不说，那干枯无光泽的头发，也是她的减分关键。有时林小姐出街，只是将头发随便一扎，一副懒得打理的样子，这应该就是一头糟发的原因吧。而近日出现在活动现场的她，虽然也新染了红色，但是配上糟糕发质和她新晒的古铜皮肤，只能用无精打采来形容。

可见一个好的发质对气质的影响有多大，那么什么样的发质才能使人有一个出众的气质呢？

体现高贵的柔亮发质

头发是否有光泽，是头发质量的直观体现。因此，人们都希望把头发护理得更为光亮。由于美发技术的不断进步，专业的美发厂商已经逐渐放弃使用油脂使头发柔亮的方法，改用保湿物质，即利用洗发、润丝、护发、日常护理、造型等时机，补充头发保湿物质，进而增进头发内水份含量，使头发更为柔亮。

美丽动人的弹性发质

弹性不足的头发,不但不易吹风造型,造型后也容易变形,而且造型不持久,发型也不能像电视上的美发品广告的模特儿般生动活泼。所以,头发细塌使很多人困扰。除了先天细塌的头发会缺乏弹性外,原本具有弹性的头发,如果过度烫染或烫方法不当,头发的蛋白质纤维会受到碱的伤害而流失,好比头发的弹簧数目减少了,便也会呈现无弹性的症状。

青春永驻的紧密发质

紧密的发质能保证头发长久美丽,因此,它是美发中不可忽视的一点。毛发数万根蛋白质纤维之所以能够紧密聚拢,主要是由于相邻蛋白质纤维间无数横向连接的二硫化键。如果头发长久与氧气、紫外线接触,或者烫发时,药剂尚未冲洗干净,就再次施用二剂,便会导致二硫化键逐渐氧化并断裂,头发的结构就会呈现松弛症状。蛋白质、水、二硫化键及黑色素是组成头发的四要素,四者含量的多少,分别影响了头发的弹性、柔亮、紧密与乌黑。诊断自己发质在哪方面不理想,再对症下药进行防治,才有机会拥有令人称羡的头发。

洗发水广告中,女主角一头飘逸丝绸般柔顺的秀发,总是让人羡慕。每个人的发质不一样,适合的发型、发型用品当然也不会一样。一个高水准的发型师能够正确辨认顾客的发质,并根据发质梳理出完美的发型。所以先了解自己的发质是关键。

判断自己属于哪种发质

发质的分类,根据头发的硬软、多少、干油、直卷大致分为 9 种:

1.油性发质

油性发质即头皮皮脂腺分泌旺盛的头发。这种头发的特点是油脂多,易沾附污物,发丝平直且软弱。一般细而密的头发,由于皮脂腺密度大,常为油性发质。此外,精神紧张或用脑过度也可导致头油过多。 油性发质由于易脏,头皮屑多,需经常清洗。留长发会带来许多麻烦,因此宜选择短发或中长发。

2.自然卷发质

这种头发本身细小弯曲,有的呈自然卷花状态,俗称"自来卷"。因此,不需要烫发。只要利用好卷发的自然属性,就能做出各种漂亮的发型。这种发质如果将头发剪短，卷曲度就不太明显，而留长发则会显示出其自然的卷曲美。这种头发刚修剪过时，某些地方会有些翘。可在洗头之后用毛巾将头发擦干，然后用吹风机吹，用梳子梳顺，并用手指轻压，就能定型。

3.中性发质

这类发质为标准发质。发丝粗细适中，不软不硬，既不油腻也不干燥。头发有自然光泽，柔顺，易于梳理，可塑性大，梳理后不易变形，可谓是健康的头发。中性发质的优异性，使其适宜梳理成各种发型。

4.干性发质

干性发质的特点是缺油干枯、暗淡无光泽、柔韧性差而易于断裂分叉，造型时难以驾御。

干性发质通常是因为护发不当、皮肤碱化所致。像头垢过多，不适宜的烫发、染发、洗发等都可导致头发干枯。

干性发质应该选择不需要进行热处理的发型，以避免高温、化学药剂对头发的伤害，否则会使头发更加干枯。

5.受伤发质

受伤发质主要是指干枯、分叉、脆断、变色或鳞状角质受损所导致的头发内层组织解体而容易死亡脱落的头发。对这种头发应该精心护理、保养，不宜经常烫发、染发、吹热风，因为高温和化学药剂会损伤头发的生理构造，从而加剧受伤发质的恶化。

受伤发质应经常修剪，去除开叉的发梢，并用护发用品清洗、护理和保养头发，再配以养发食疗，使受伤的发质逐渐得到改观。

6.稀软发质

这类发质缺少弹性，如果梳成蓬松式的发型，很快就会恢复原样。但由于发质比较伏贴，适于留长发，梳成发髻，或应用小号发卷卷头发，做出娇媚的发型。通常这种头发缺乏质量感，可配上一部分假发。

7.粗硬发质

这类发质难卷难做花，稍不留神，整个头发就会像刺猬一样竖起来。因此在整发前应先用油质烫发剂烫一下，使头发不至过硬。在发型设计上，尽量避免复杂。仅用吹风机和梳子就能梳好发型，比如采用半长，向内、向外卷的发型都比较合适。

8.直而黑发质

这类发质宜梳直发,显得飘逸清纯。但直发在显示华丽、活泼、柔和等方面不如卷发。由于这种发质较硬,单靠吹难以达到满意的卷曲效果。如果要做卷发,可先用油性定发剂将头发稍微烫一下,使头发略带点波浪而显蓬松。卷发时最好用大号发卷。发型设计尽量避免复杂的花样,做出简单而华丽高贵的发型来。

9.柔软发质

这类发质细而软,有一定弹性,往往难以表现一定的发容量,因为柔软的头发比较服贴,适宜剪成俏丽的短发,将刘海斜披在发质额前,横发向后梳,耳朵露在外面。如果这样梳理不顺,头发容易散乱的话,可将该处的头发削一下。亦可在耳后别一个夹子,就显得活泼俏丽了。因为柔软的头发比较服帖。

改变你天生的发质

不管你天生发质如何,后天经过烫染发质变了多少。这些不是重要,重要的是在后天能改变你的天生发质,让你的头发更有光彩透亮。

选择洗发露如果你是中性或油性发质的中短发且从未烫过染过,选择普通或基本型的洗发护发露即可;如果你头发粗糙干涩、又易开叉断裂,并经常染烫,又略有长度,选择含更高护发成分的洗发露更为适宜;对于有头屑或头皮发痒的情况,去头屑洗发露则是首选。同时,亚洲人的头发普遍比西方人的头发粗,因而,西方人使用的品牌不一定会适于你的发质,对大多数亚洲人来讲更多含有滋养成分的产品会较为有效。

经常洗发现代城市的污染和紧张对头发的危害也越来越重,只有经常洗发才能及时清洁头发上堆积的尘埃、污垢和油脂,加强头发表层的保护,减少头发间的摩擦损伤,令头发保持柔顺有光泽。日常生活中,我们也不难感到,刚洗过的头发顺畅有亮度,到了第二天就略感干涩,再过一天,头发就变得油腻,出现"油质"反光。因而不经常洗发是拥有良好发质的一大障碍,对于长发发质的影响则更为明显。 一项调查显示,日本人平均每周洗发 5~6 次,美国人是 4~5 次,菲律宾人是 6~7 次,而中国人一般是 1~2 次。看来,差距真是不小。专家建议最少要两天清洗 1 次。

正确洗发洗发时首先用 40 度的温水彻底淋湿秀发,温度不应过高或过低,以免清洗不净或烫伤头皮。洗发时避免将洗发液直接倒在头发上,可先倒于手中,搓起泡沫再涂抹头发,同时不要过分用力擦洗,也不可用指甲挠头皮或将头发盘绕堆在头顶(长发),应用手指肚轻轻按摩发丝,最后,彻底冲洗。

正确干发湿发变干也有很多技巧。用棉质毛巾将水分压出、吸干,用木梳梳开打结的头发后,让其自然晾干。如果你习惯使用吹风筒,注意温度和距离不可太高太近(至少与头发距离10厘米),并要不断变换吹风位置。

正确梳理头发头发湿时最容易受损,因而梳理湿发要更加仔细。首先要从发梢部分梳起,逐渐向上梳,最后再从发根梳至发梢,以免头发打结、拉伤、弄断。当然,短发就无需这么多虑了。选择梳子时最好选用齿端圆滑、粗齿的梳子,避免使用金属发梳。除了讲求护发的技巧,拥有健康的身体对养发来说也很重要。

合理饮食营养学家称,均衡的营养对保护秀发至关重要。因为食物为头发提供的养分是它健康生长的源泉。维生素A、C、E和叶绿素是头发重要的养分之一,一般在新鲜的水果中如橙、柠檬、弥猴桃等;维生素B也可为头发提供重要的营养素,一般在鸡蛋、奶类和大豆中含有;来自低脂肪的食物如鱼、鸡等含有大量蛋白质,是头发营养的另一主要来源。另外富含铁质和矿物质的食物也发挥着重要作用。

运动和锻炼适量的运动和锻炼可加强血液循环和促进新陈代谢,增加头发的弹性,减少头皮屑的产生。头发作为身体的一部分,有时也会发点"小脾气",带给你多种多样的不快,其实只要了解她的性情,对症下药,她也会乖乖工作。

快速改善发质

1.你的香波不起泡可能是由于头发还不够湿,应该再浸些水而不是再加更多的香波,皂质的东西太多会损害发根。

2.用两遍洗发水。首次的洗发水可以除去油垢和做定型时的辅助用品,第二次洗发水能使头发更蓬松。

3.时间紧迫时,只洗部分头发。比如,只洗刘海或发际线周围的其他地方。

4.用温水洗发。洗发水的功效在温水时最佳。如果水太热,它会使你的头发干而且发痒。如果水太冷,香波就不会彻底冲洗干净。如果已经冲洗干净头发之后再来一陈凉水,会使头发更有光泽。

5.使用护发素之前,用毛巾吸干头发上的水,或至少把头发上残留的水分挤掉,头发里水太多时,护发素不能有效地被吸收。

6.在冲洗头发之前用梳子充分梳理头发,使护发素均匀平滑地分布。

7.往你的护发素里加几滴橄榄油可以使头发得到深层护理。

8.用一条毛巾轻柔地吸干头发里多余的水,吸干水之后,用宽齿的梳子梳理头发,先从发根开始,再梳通中部直至最的一从发根至发梢全梳通。

9.在发根而不是发梢使用蓬松喷雾剂或摩丝,使其保持蓬松。

10.再次抖散你的头发。头发干了之后,把头倾向一侧,给发梢喷一些营养水。

七项护发术恢复秀发的活力

热敷 在寒冷的冬季,头发很容易受到冷风的吹袭和帽子磨擦的损伤,因此定期对头发进行护理性的热敷在冬季对头皮和发梢是相当重要的,可以减少头发开叉现象,并持久保持发根湿度。

补硒 硒是十分重要的养发物质,因为硒可以深入头发内部,使头发强健。每天摄取一定数量的硒是保护秀发过冬的好方法。硒在坚果和鱼类中含量很高,或者到药店买些口服硒胶囊也可以。

麦穗状 把头发做成缕状会使细发更加容易打理,并且可以显得发量较多。把头发末梢做成轻微的波浪也会不错,它使发型更挺一些。

粗粮 维生素 B 是头发最重要的"维生素"。粗粮中含有丰富的维生素 B,所以要多吃粗粮,可以使头发生长得健康又强韧。另外,在冬季里常食富含蛋白质和维生素 A、B 的食物,如核桃、芝麻、大枣、甜杏、动物肝脏、蛋黄、鱼类等食物也可以改善头发干枯现象。

睡前卷发 在睡觉前把头发卷在发卷或者包上头巾就不会压了头发,第二天早上,头发只需轻轻梳理,用手指摆弄一下就会顺滑且有型。

修剪 头发每 8 周修剪一次发梢的话,有益于头发的健康。

平时不要使用塑料或金属梳子,它们会毁了头发。相反,天然材料或者橡胶树脂制的刷子或宽齿的梳子是理想的用具。决不要使用橡皮筋,因为它会使头发折断。

按摩 用手指肚按摩梳理头发,可以改善头皮的血液循环,有利于强健发质。

头发打理

现在很多美眉都喜欢做各种发型,头发变得干枯、毛草失去了光泽,去发型店做的造型也大大变形,分叉、断发……种种头发的不良状况很容易在变化莫测的天气里出现。所以,这个时节,女性朋友尤其要加强对头发的护理,毕竟完美的形象,要从"头"开始;身心的舒展,同样也应从"头"做。但是要想护理好自己的秀发,首先要从头发的损伤着手,了解"病情"才能对症下药。

下面是几种对头发的典型损伤,看看你最爱的秀发有没有深受其害。

1.物理性损伤

梳理方式错误造成的损伤;剪刀、削刀的不正确使用造成的损伤;电热美发器具造成的损伤;紫外线造成的损伤。头发的表皮层长出头皮就象树皮一样,一但受损自己是无法恢复的,如果不加强养护,就可能造成开叉、断裂等现象,主要表现与头发的表皮层的损伤。

2.化学性损伤

日常洗发、护发、定型产品的不正确使用造成的损伤;过度烫、染、漂发以及错误操作对头发造成的损伤;环境的污染对头发造成的损伤;海水与游泳池内的水质对头发造成的损伤等。这类损伤主要是头发皮质层内蛋白纤维组织的损伤,使发质僵硬、变脆、无光、干枯。

3.生理与心理损伤

由于人体内脏的原因或自身心理等因素也会造成头发软弱无弹性、油腻、脱落、生白发等。

受损发质与烫发水的选择:

无论头发是那种原因造成的损伤,头发都会干燥。而干燥的发质在潮湿状态下吸水性比正常发质的吸水性要强的多,当然吸收烫发水的能力也会增强数倍,可想而知,头发的损伤程度也会成正比增大。根据以上状况,在选择烫发水时,一定要选择受损发质专用的烫发水或含有烫前护理、烫中护理的烫发水,这样可以减弱头发对烫发水的过度吸收。

知道了损伤秀发的原因，那么应该从哪些方面着手来改善和减少头发的损伤呢？其实头发的护理涉及到梳头、按摩、发质、以及各种问题等方面，你是否有这方面的护理常识呢？

1.正确洗发

洗发是一项艺术性很高的工作，绝对不可急速草率了事。

洗发的频率因人和季节而定，天气较热以及头发偏油的人需要每天都洗，而到了秋冬季节，头发偏干的人 3 天洗一次即可。市场上的洗发产品很多，要根据自己的发质选用相应的洗发剂，通常人们应选用 PH 值较底的弱碱性植物性洗发剂为宜。用温水冲洗头发是个相当重要的步骤，它在全面清理头发的死细胞、头皮屑、杂质和油腻的脂肪的过程，占有举足轻重的地位，如不把头发的泡沫、皮屑冲洗干净，那停留在头发上的碱物质会对头发造成腐蚀而损伤头发，直接影响头发的光泽和头发的韧性。

有人在洗头中也会有很多问题出现，比如你的洗发露不起泡，这可能是由于头发还不够湿，再浸些水而不是再加更多的香波，皂质的东西太多会损害发根。另外，建议用两遍洗发水。首次的洗发水可以除去油垢和做以型时的辅助用品，第二次洗发能使头发更蓬松。当时间紧迫时，可以只洗部分头发。比如，只洗刘海或发际线周围的其它地方。

不必换香波，除非你的发质变化了。在这几种情况下你可以考虑换洗发香波，如：染发或烫发，冬天的气候比较干燥，或你刚加入游泳队时。

用温水洗发。洗发水的功效在温水时最佳。如果水太热，它会使你的头发干而且发痒。如果水太冷，香波就不会被彻底冲洗干净。如果已经冲洗干净头发之后再来一阵凉水，会使头发更有光泽。

2.护发

首先确信你使用了正确的护发素。蛋白质类的有助于加强头发和头皮的滋润与耐力，保湿类的能增强头发的柔软与光泽。

使用护发素之前，用毛巾吸干头发上的水，或至少把头发上残留的水份挤掉，头发里水太多时，护发素不能有效被吸收。

护发素应施于头发中部或发梢而非紧贴头皮的发根部。

在冲洗头发之前用梳子充分梳理头发，使护发素均匀平滑地分布。

往你的护发素里加几滴橄榄油可以使头发得到深层护理，当你在浴缸里泡着的时候把调理后的护发素平滑地梳进发丝里，就不用管它了，蒸气会帮助护发素渗透的。

3. 深层滋养

在用完洗发水、护发素后,我们还应选用一款能深层滋养发根的产品,深入头发内部提供营养, 而发膜就是最好的选择。它能够渗透到头发的毛鳞片内,补充受损的蛋白质、葡萄糖和胶原蛋白,为头发强健筋骨。

洗发后,略微擦干头发干,把发膜均匀地抹在头发上。此时切忌让发膜直接接触头皮,最好在距离发根 5 厘米处涂抹;然后用保鲜膜或者浴帽包裹头发5-10 分钟;最后,用少量水将发膜乳化,再彻底清洗干净。

4.正确的梳发方法

正确的梳头方式尤为重要,在用香波之前,首先把头发梳顺。洗头发时,别把它全堆在脑袋顶上, 这只会增加头发的纠缠程度。用一条毛巾轻柔地吸干头发里多余的水,小心别使劲磨擦头发。

吸干水之后,用宽齿的梳子梳理头发,首先从梳开散乱的毛梢开始,用刷子毛梢轻贴头皮,慢慢在旋转着梳拢。用力要均匀,如用力过猛,会刺伤头皮。先从前额的发际向后梳,朝相反方向,再沿发际从后向前梳。然后,从左、右耳的上部分别向各自相反的方向进行梳理, 最后让头发向头的四周年披散开来梳理。

5.蓬松感

在发根而不是发梢使用蓬松喷雾剂或摩丝。

把头歪向一侧吹干头发,同时用手指把头发抖离头皮。

对于发根处的头发,可用圆形发梳梳起头发再吹干。可先把吹风机设置在强热档位,再用冷风吹一下。

再次抖散你的头发。头发干了之后,把头倾向一侧,给发梢喷一些营养水。

如果你晚上要出去,急需让头发看上去显得蓬松,可把头缝分到另一侧。

如想让头顶上的头发看起来显得更有动感, 那么就把刚吹干的头发用大号卷发器卷上,在你化妆或着妆时,让它自己慢慢冷却下去。可在头顶、脑侧、后脑勺等处都卷一些。

6. 头发防晒

盛夏的时候,小心别让秀发在阳光下裸奔,努力帮助它加强抵抗力。

为了使头发防晒达到最佳效果,你需要借助护发产品的力量。出门前最好在头发上加涂一层有防晒效果的护发产品，如护膜液和免洗防晒护发乳，能形成一层保护膜，保护深层结构不受外界损害。

使用贴士：挤出1—3枚硬币大小不等的润发乳，用掌心轻轻揉匀。用双手掌心与指腹均匀地涂抹在秀发上，顺着头发曲线慢慢涂匀，并将掌心残留的免洗润发乳于发尾的部分加强按摩。

不同发型的打理方法

打理超短发

1.低下头，然后抹上发蜡，会有一种帅酷之美。

2.用大量的发胶，将头发朝头中央梳理，就会有个摩登的你。

外翻卷发打理

1.先用润丝 洗发 液来洗发，使头发飘逸起来；

2.头发完全干透 垂直 后，侧分发，将耳后的头发梳成一个低低的 马尾 ，用发绳固定；

3.用垂直拿卷发器卷上2指宽的头发，使卷发器距离脸一个手掌的厚度。如果想要大卷，电发棒至少1指宽。卷10秒钟，然后放开。从头发的外层到里层，重复同样动作，但后面的头发不要动；当头前部已被卷花盖满时，取下马尾上的发绳，用大圆形梳旋转地梳理前面的头发，先向下梳，再向上翘起，这样头发会像轻盈的羽毛一样拥在脸的周围，最后抹上摩丝。

洛丽塔式复古卷发打理

"洛丽塔"从去年开始受尽了万般宠爱，长短不一、轻重不平衡的凌乱卷发，透着清纯和诱惑，让众多父母大为惊奇的同时，也成为秋冬季节发型师们的最爱。这款发型的关键是几根看似很不经意"掉落"的卷发，更增加自然韵味。

1.洗完头适度拭干水分，趁发丝还保有水分时，将头歪侧边低下来，以发胶均匀抹在发尾，一面用吹风机烘干或用毛巾往上抓干，就能制造出轻盈感。

2.头发八分干时，在发尾抹上泡沫慕丝后拨干、拨松，接着利用吹风机将头发烘干，这样做卷发效果比较好；

3.侧分头发，一边多一边少，后面和两旁的卷发向上梳，用夹子固定，把重量都集中在头顶；

4.把头发向外抓蓬松,并用梳子挑出一些。把挑出的头发向下梳好,用发胶固定好,制造出一种不经意掉落的效果。

根据睡姿打理头发

你是否一觉醒来头发不是塌在头皮上,就是翘得乱七八糟?这些烦恼当然都要归罪于前一晚的睡姿问题。如果你不愿意在第二天早起半个小时重新洗头的话,就跟我们来学一些补救方法吧!

当你喜欢侧身睡或趴着睡,就会发现在第二天醒来头发全部被压倒,并清晰显露出不完美头型的窘境。

解决方法:你可以将少量摩丝挤在手上搓开,手指张开伸进头发根部揉搓按摩,使躺倒的发根重新立起来。

当你喜欢仰身睡,就会发现头发会被枕头蹂躏出各种奇怪造型。

解决方法:你可以将头发喷上少许水,然后用吹风机重新吹出自然弧度,注意出风口一定要向着发梢的方向。

当你喜欢辗转反侧,就会发现头发蓬乱或纠结在一起,无法梳开。

解决方法:你可以就势做一个性感的"起床发型",用一些定型产品将蓬起的头顶头发稍稍整理圆润,再在后脑扎一个自然的发髻,少许飘零的发穗看上去也很性感。

在洗发中打理你的秀发

醋蛋:轻洗头时,在洗发液中加入少量的蛋白洗头,并轻轻的按摩头皮,会有护发效果。同时,在用加入蛋白的洗发液后,将少量蛋黄和少量醋调混合,顺着发丝慢慢涂抹,用毛巾包上一个小时后在用清水洗干净,对于干性和发质较硬的头发,具有使其乌黑发亮的效果。

啤酒:用啤酒涂搓头发,不仅可以保护头发,而且还能促进头发的生长。在使用时,先将发洗净、擦干,再将整瓶啤酒的1/8均匀的抹在头发上,做一些头部按摩使啤酒渗透头发根部。15分钟后用清水洗净头发,再用木梳或牛角梳梳顺头发,啤酒中的营养成分对防止头发干枯脱落和去屑有良好的治疗效果,还可以是头发光亮。

茶水:在洗好头后用茶水冲洗,可以去除多余的垢腻,使头发乌黑发亮、光泽亮丽,仅适合黑发。

按摩打理按摩可以刺激皮肤,促进血液循球,调节脂肪分泌,解除头部疲劳,有助于头发的发育,保持头皮的健康;对于预防头皮过多和治疗头皮过多症也是极好的措施。洗发应以按摩的要领进行,先要用水浸湿头发,然后再用洗发剂。第一次将洗发剂涂在头发上,用手指肚象按摩似地揉洗。告别是头的表皮层,易被皮脂和汗液弄脏,应仔细揉洗。第二次用第一次洗发剂用量的一半进行清洗,洗好后用清水反复漂洗,直至头发上彻底没有洗发剂为止。

漂洗能使洗过的头发更柔软漂洗剂有两种:一种是可直接擦在头发上的,一种是需用热水稀释后再使用的。使用漂洗剂和洗发剂时,尽量使用同一厂家生产的产品,这样,香型一致,有利于保护头发。

药用美发剂会使头发永葆健康光泽药用美发剂的作用,在于补充头发的蛋白质。平时洗发时一般按洗发剂、漂洗剂、药用美发剂的顺序使用。而当头发受到损伤时,则应在使用漂洗剂之前先使用药用美发剂。 用法:将药用美发剂涂于头表皮和易受损伤的发梢部,仔细地按摩头皮,然后用热毛巾卷起,这样效果会更好,最后用清水冲洗干净。

柔软纤细头发的保养柔软的头发不但纤细,而且无弹性,不易蓬松,发型也不容易持久。此外,如不经常加以修饰,头发会变干、发红、易受损伤。 为预防上述现象,必须经常擦用护发油,以防止外来的刺激损伤头发。平时,可擦些化妆水来防止头发干燥,从而如免梳拢时产生静电摩擦,吹风时要控制好吹风机的温度。

头发柔软的人,在梳理发型是,向头发上喷洒些烫发液,会发富有弹性和强度,能使发型持久,同时还可增加头发的蓬松感。 烫发时,发根处不要卷得太紧,前部发型要做得蓬松。

脸型与发型

美丽从"头"开始,追求发型完美是爱美人士的重要目标,但发型与脸型有着特别密切的关系。人的脸型有长、方、因、尖、凹、鼓、凸等。发型的好坏,关键在于对人的脸型是否合适。尤其对于那些经常出现在大众面前的明星, 发型适不适合她们的脸型真的太重要了。但人有失手,马有失蹄,明星们的发型也有失败雷人的时候。

李小璐:雷人发髻

乖乖女也有爆发的那一天,将发髻弄到头顶上,似乎刚从古代穿越而来。而随意抓散的几缕发丝又像是张牙舞爪的鸡尾巴。整个发型气质全无还是直发,或齐刘海更适合她单纯甜美的形象。

吴佩慈:亦人亦妖的朋克头

好可怕,这样造型的吴佩慈,与那个大大卷发笑容甜美的轻熟女,差距太大了!超朋克的发式,鬼魅烟熏妆,真是 CRAZY 至极!

张韶涵:扭七扭八麻花辫

这款长长的发辫造型,绝对是创意十足,足够出挑,可是,而后部分的头发看上去总觉得怪怪的, 似是假发接上去的, 和那个挽起的发辫, 又像是断截的,还是齐刘海长发更适合她的可爱形象。

黄绮珊:小辫地沟头

沉积多年的黄绮珊在《我是歌手》的节目中脱颖而出, 在第 10 届华鼎奖——全球演艺名人公众形象颁奖典礼,她在红毯以一头小辫示人,被网友称是地沟头,还顶着浓重的妆容,被调侃为"僵尸"妆。还是高马尾更适合她飒爽大气的形象。

根据脸型选择发型

适合自己脸型的发型能增加魅力,若不适合自己的脸型的发型,会毁了整个形象,不是每一种发型都适合每一种脸型。所以一定要了解自己的脸型,根据自己的脸型选择不同的发型。

鹅蛋脸适合采用中分头路、左右均衡的发型,可增强端庄的美感。

圆脸型应避免后掠式或齐耳的内卷式,可采用轻柔的大波浪,将头发分层削剪,使两颊旁的头发贴紧,使之盖住脸颊;或将头前部和顶部的头发吹高,给人以蓬松感。

方脸型人要尽量用发型缩小腮部的宽度,脸颊两侧的头发要尽量垂直,以产生紧凑服帖感。使头部形态显得清秀一些。

长方脸型额头较高的,可把头发梳平些,刘海稍长型的长度。

菱形脸可以用蓬松的刘海遮盖额部,使额角显宽一些,脸颊两侧的头发要尽量垂直,腮两侧尽量用大波卷使尖削的下巴柔和些。

心形脸不管留短发,前顶都的头发不宜吹高,要让头发紧贴头顶和太阳穴部位以减小额角的宽度。

下宽上窄脸头前部的头发应向左、右两侧展开,以表现额部的宽度。

下面给大家推荐几款发型和所适合的脸型:

1.轻柔的卷发,在自然状态下表露出似水的女性柔情。

适合人群:前额较宽的成熟女性。

2.微卷,不破坏原有发型层次结构,给人清新利落的感觉。

适合人群:两颊较宽,气质活泼成熟的女性。

3.蓬松乱卷,乱中有序,不同卷度错综交替,营造强烈的视觉效果,是极易整理的卷发造型。

适合人群:标准的椭圆型脸、娇小玲珑的小女生。

4.发尾大卷,将头顶部分和刘海理顺拉直,齐耳下的头发烫成丰盈的大卷,塑造卷中有直、直卷搭配的现代发型,突出淑女气质。

适合人群:脸型标准,气质典雅的现代淑女。

5.蓬松凌乱,呈大波纹的长发造型,表现出女性可爱迷人之处。

适合人群:脸型较长,充满朝气,有点另类的新新人类。

6.蓬松自然的卷发造型,搭配上色彩明亮的心型发饰,显得更加热情、活泼、动人。

适合人群:脸型较圆,清新怡人,带点忧郁气质的女孩。服贴的刘海,大波纹的卷度,散发出迷人的成熟气质。

总之言之,选择发型,应根据自己的特点,扬长避短,显美藏拙,而不要生搬硬套。

几款发型教你变成 V 字脸

中分+长卷发甜美可人的温柔长卷发打造出柔软有质感的感觉,给女生的柔美增加了多更多的温柔感!中分长长的刘海将脸颊较高的颧骨遮盖,轻松塑造小 V 脸,简单而不乏时尚的气息!齐胸前的长发的卷度层层叠叠,好看的堆砌在女生的胸前!漂亮的发色让女生更加的活泼俏皮!

妩媚长卷发中分的妩媚长卷发散发出一阵阵让人凌乱的味道,巧克力色的染发发型搭配中分发型,成熟之中透露着小女生的味道!丰盈的大波浪卷营造出楚楚动人的漂亮女人形象，让人恼怒的国字脸型也在瞬间变成了让人羡慕的小 V 脸，一款简单的妆容搭配时尚发型让你成为焦点！

C 型卷+中分中分的刘海显得清爽不邋遢，女生好看的额头就在此刻显露了出来，干净的妆容，透明感的皮肤结合这款棕黄色的染发颜色，瞬间提升了女生的气质！层次的修剪以及打造出来的弧度都很好的修饰了脸型，中分结合 C 型卷，打造好看小 V 脸！

蓬松刘海卷发 A 型卷的刘海微微的遮挡住额头，露出一部分好看的前额和女生充满俏皮感的双眸！蓬松有质感的卷度给人时尚俏皮的味道！

刘海脸型点睛之笔如果你厌倦了现在的发型，想尝试新造型并且想给人耳目一新的感觉的话，修剪一款适合你的刘海绝对是改变形象的一大关键所在！而且在视觉上刘海同时有着减龄和修饰脸部轮廓的功效，看看那些女明星们大家就明白了：

蔡依林 脸部线条不太圆润，没有刘海修饰，会显得脸大而且老气，蓬松的齐眉刘海才能令她拥有公主的甜美。

张韶涵 没有刘海的形象实在有损"电眼娃娃"的称号，脸太小、五官太大，尤其是眼大无神，同样是短发造型，剪了刘海下来就不一样了。

徐静蕾 长相本来就属于很平淡那种，露着额头的发型太平庸而且也显老，整齐的厚刘海比较有星味，看起来也更青春。

林志玲 也属于脸型标志的女生，刘海的有无只是用来应营造熟女与小女生不同的感觉，可以说是各有风情。

懂得利用还刘海绝对给你的发型和脸蛋增分，可是有人烦恼了，觉得自己是难看的大方脸不知道自己适合什么刘海，下面为大家介绍几款适合方脸的百变刘海：

刘海样式：斜刘海

发型点评：这款日系短发整体发丝处理成在中部内扣，营造出一个恰到好处的弧度，柔和了方脸的轮廓。

刘海样式：齐刘海

发型点评：齐刘海遮住额头，露出一张小脸，利用两侧卷曲的发丝掩饰方脸的棱角，整体造型娇俏可爱。

刘海样式：细碎斜刘海

发型点评：有些细碎的斜刘海，发量偏少又修剪得太过细碎，这款短发发型虽然整体不甚夺眼,但两侧的发丝也具有修饰脸部轮廓的作用哦。

刘海样式:卷刘海

发型点评:整体经过烫卷的发型看起来非常具有活力,经过烫卷的齐刘海和整体发型浑然一体,外翘的发根有点俏皮。但是整款发型并没有掩饰到方脸的轮廓。

刘海样式:碎齐刘海

发型点评:发尾经过碎处理的齐刘海,显得更加清爽,搭配蓬松内扣的短发造型,两侧层次修剪很好地改变了脸部轮廓,正面看显得温情柔美。

刘海样式:内扣齐刘海

发型点评:这款烫发发型非常可爱,齐刘海烫出内扣的弧度,突出立体五官,耳畔的发尾蓬松卷曲,整体内扣的造型恰到好处地修饰了方脸的棱角。

刘海样式:bobo 头斜刘海

发型点评:拥有波波头造型的这款斜刘海,给人乖巧可爱的感觉。同样是利用两侧的层次修剪和内扣弧度修饰了方脸的轮廓。

刘海样式:短发侧分斜刘海

发型点评:这款短发侧分刘海显得比较个性,也很干练。斜分的造型拉长脸部线条,让方脸显得更加修长,齐腮的长度正好修饰了方脸的棱角。的确是时尚个性又修颜的一款短发发型。

妙招补脸拙

爱美是人的天性,俗话说长相是天生注定的,你会经常觉得面试,工作是别人的;晋升,机会是别人的;相亲,老公也成为别人的。因为脸型不好看,形象也大打折扣,再多的温柔表现不出来,再多的美丽没有人欣赏。虽然在面相中古人常说"面如玉盘",在面相之中,大脸一直也是福气的象征,"田字脸""国字脸"更是能否享福的重要标志之一。但是,现如今的大脸给我们带来的是什么?美丽、福气、爱情,你也许在抱怨,大脸给自己带来的除了粗狂的美丽,就没有其他的好处了。

那么对于那些面貌不算漂亮的爱美人士来说不算公平，随着社会不断发展，很多朋友都会非常关心自己的形象。脸型漂不漂亮是确定一个人容貌的一个主要项目，那么对于天生脸型不好看的人来说自己的脸型能够改变吗？

千万不要以为美女是一朝一夕就可以达到的，也不要以为天资不佳就没有奔向索女行列的资格。女明星都擅用发型对自己的缺陷有所掩盖，瞬间便能减龄瘦脸，可见只要选对造型你完全可以有脱胎换骨的潜力。

发型补脸术

方脸

你想拥有美艳的脸型吗？拥有一张方脸脸型远远没有想想的那么可怕，下面为你推荐这几款梨花头能够很好地遮掩住方脸脸型的缺陷，散发出独特的魅力。

内扣梨花头：发型发尾处略微内扣的梨花线条，将女生的脸颊包裹其中，极好的修饰了方脸脸型，中分的刘海设计，凸显出气质的同时，将女生俊俏的五官展现出来，戴上一顶气质小帽，女生典雅美即刻呈现出来。融入黄色调的染发颜色，时尚靓丽，整齐的刘海设计，衬出了女生俊俏美丽的五官，内卷的梨花线条打造出蓬度，极好的修饰了脸型，点缀上一个美丽的头饰，增添了许多美感。

圆脸

卷发：烫发发型有很多，顺滑的卷发弧度最容易修饰大方和甜美的形象，梳着优雅的简短卷发的女生，一张秀气的圆脸被脸颊位置卷起的丝滑发丝，自然地顺滑下来的发丝，不管是内扣的样式还是蓬松的卷发弧度都有着极佳的澄净的气质，修饰出极其靓丽的纯净气质。斜刘海梳发很是自然，在脸颊位置卷起的柔和的发丝，发尾的稀薄感觉很合靓丽的轻盈气息。

卷发半扎发是圆脸小女生修饰典雅和纯净气息的绝佳发型选择，自然地梳起的整齐的卷发，在发顶一侧轻轻地斜过的发丝，齐刘海和侧边的公主头将脸型修饰出绝美的感觉。下层卷发饰自然柔和的感觉，整齐的梳发很合典雅的淑女形象。

锥子脸

锥子脸是现代女生所追求的最高境界的脸型，所谓的锥子脸就是光滑且无棱角，有着尖尖的下巴。小小的脸型十分地讨人喜欢。

1.斜刘海发型好像是锥子脸 MM 最爱的造型,因为斜刘海有修颜的效果。再搭配蝴蝶结发箍,让这款锥子脸发型展现出女生的甜美气息。棕色染发颜色的斜刘海直发发型搭配女生的锥子脸,显得俏丽时尚。直发给人飘逸柔顺的感觉,斜刘海修饰了女生的脸型。

2.其实非主流发型与锥子脸搭配不仅很适合,还显得很洋气。棕色的染发颜色,层次感的发型设计,精致而时尚。

3.斜长刘海的盘发与锥子脸是不是也很配呢,斜长刘海遮住了大半额头,修饰了女生的脸型,乌黑的发色自然又靓丽。女生俏皮的动作彰显青春活泼气息。这款斜长刘海的扎发发型,充满十足的女人味。刘海微微遮住了眼睛,时尚知性。这样的发型脸型搭配很是迷人。

4.中分长发就很适合锥子脸型,于长发美女来说,最能彰显气场范,中分发型,松散的盘发,两侧的发丝性感修颜。蓬松的披肩发型时尚大气,最能呈现出女人味,是女生修颜瘦脸的首选发型。

5.如果你想要更清纯一点,那就剪出一款齐刘海发型吧,齐刘海直发清新柔顺,配西装,御姐范十足。

可见只要选对造型你完全可以有脱胎换骨的潜力。只要做到你也可以是锥子脸美女。

眉毛补脸术

眉毛是决定五官平衡的关键之一,所以即使仅是稍稍地变化眉形,也会让人惊讶地发现,脸蛋变瘦小,五官显得立体多了。在眼珠上方外侧的延长线上画眉峰,眉尾稍微画长一些,这就是使眉毛看来纤细的要诀。此外,想让脸蛋变小时,一定要挑高眉尾才有效果,以眉笔勾出上扬的角度。即有拉长脸型的效果,使面部具有立体感。

另外美眉们在描画眉型的时候要切记一个原则,就是眉头要清淡,眉峰处可稍加重些,眉尾要自然流畅,这样既可以达到立体自然的效果。另外眉毛的描画要虚实相应,左右对称。眉色要与个人肤色及要化的妆型协调(一般眉色浅于发色)。

方脸形——上扬眉

方脸型的美女想要修饰脸型就试试上扬眉吧。上扬眉属于强调弧度的高挑眉型,刚好掩饰了脸上稍嫌严肃的角度,像施了魔法一样,把脸型变圆了。

画眉时要注意的是,两眉之间最好保持一点距离,两眉距离太接近会使五官显得太集中,会令方脸型变得更大更方。

博士园植发专家说制作方法:眉尾部有着自然弧度的上扬眉,有型又很时尚,画眉的诀窍是:从眉峰描画到眉尾时,必须将线条慢慢地减细,并且顺着眉型微微上扬。最重要的眉峰部分,以眉笔将眉峰的弧度勾勒出来,让眉型的曲线更立体。

圆脸型——拱形眉

圆脸形的女生是最多的,圆脸的女生脸部线条十分圆润,所以圆脸的女生应带搭配上扬型的眉形或者略短形的粗粗的拱形眉毛,然后可以描绘一些层次,让眉形更有力量感,平衡脸部的圆润感。

1.虽然中性的一字眉很流行,但是那并不适合你。不要害怕拱形的眉毛,那会拉长你的脸部线条,只要不是拱得太夸张就 okay 啦!

2.眉峰的位置需要一些棱角,圆滑的弧线对于圆脸妹来说根本就不适合。稍硬的线条和角度能中和你脸部圆润的线条,给整体面部轮廓加分不少。

3.眉毛的线条要稍微纤细一些,当然不是要你疯狂的画上一条细线,只要比自然眉形略微修长纤细一些即可,这样能制造出娇小的脸部印象,看看 Rachel 的示范吧!粗眉和纤细眉形的她看起来完全不一样呢!

注意圆脸型的女生不可搭配直直的短粗眉以及弯挑的细眉型。

长脸——一字眉

一字眉会使脸部显得较宽,适合长脸型和面部比较窄的人,可缓和脸型过长,给人古典,优雅的印象。

1.确定眉头、眉峰、眉尾的位置,眉毛最宽不要超过眼睛的二分之一。

2.用修眉刀修上下眉线,个别粗眉毛用圆口修眉夹拔掉,修出眉型的轮廓。

3.用眉笔从靠近眉头的位置向眉尾画,重点是眉峰到眉尾的眉线,对于微小地方的调整,建议用眉刷沾着眉粉刷,会比较自然。

4.最后用眉梳从眉头横向刷到眉尾,给眉毛做最后的修整。

帽子补脸术

时尚的风采不仅仅体现在流行的时装和完美的妆容上,而且还有很实用又很拉风的一招,就是有关脸型与帽子的搭配,你会发现,选对一顶时尚的帽子也可以让很平淡的搭配变得够拽！

在帽子搭配中,选择一款适合自己脸型的帽子是非常重要的,选对一款与自己脸型相对应的帽子可以为自己加分许多，也会遮挡自己脸型的不足。我们平时所说的帽子适不适合自己戴实际上所指的就是帽子是否适合自己的脸型。下面就来为大家分析一下不同脸型适合的帽子。

适合圆脸形的帽子

圆脸的人适合戴一些有帽檐的帽子,通常圆脸的人面部都比较大,这样佩戴有帽檐的帽子可以弥补面部大(脸大)的问题,所以像渔夫帽以及软边帽子就是很好选择。在夏天遮阳的时候大帽檐的草帽也是好很好选择，但是要避免帽檐过大不是很方便,能达到遮阳的效果又适合自己是最好的。

同样,圆脸的人如何喜欢比较时尚的棒球帽的话,选择平顶帽会更好一些,平顶帽不仅具体棒球帽的整体风格特点,平顶帽子的帽檐通常比棒球帽要大并且帽檐的前端是平的,帽子的整体的风格搭配都非常适合圆脸的人。

圆脸的人其实不是太合适戴小礼帽。小礼帽重要凸显的是脸部以及主打个性小巧的礼帽并不会对圆脸的人有任何帮助,所以，圆脸的人可以选择较大的礼帽,这里的大指的是帽子的帽檐部分。

与方脸的人类似,若是在冬季,圆脸的人也可以选择一顶时尚保暖的雷锋帽,与方脸的人选择方式是相同的,都是因为雷锋帽的面积很大,这样可以把雷锋帽当成脸部的装饰,也不至于被帽子凸显自己的脸大。

带有很浓厚的怀旧风格，与老奶奶的传统织法感觉很像的可爱的毛线球球搭配浅咖自然长发就很美了，建议在戴的时候把刘海跟左右的头发拉出来,感觉脸看起来变小了。

方脸形适合的帽子

世界上有千千万万种脸型,每一种脸型有它自己独特的美,也有它自己独特的好处,那么假如你是方形脸,又想要带帽子的话,那么这时候可能会有点迷茫不知道自己适合什么样的帽子了吧，下面介绍方形脸适合什么样的帽子:

方脸的人首先不太适合戴鸭舌帽,因为鸭舌帽的整个帽身较小,如何方脸的人戴的话就显得脸很圆,如何你洽洽是一个脸比较小的人,那么鸭舌对你来讲可能才更适合你。

方脸型也不适合戴窄檐,低而尖帽冠的帽子。而适合戴类似于渔夫帽或者帽檐比较大的圆顶帽，这样的帽子可以使用自己的脸看上去不是很方，这样圆顶的帽子又可以帮助你减少头布顶端的方形，可以达到扬长避短的效果。

头巾帽针织帽，这一款头巾帽针织帽非常适合方脸的人，它那采用纯棉涤混纺材质，带弹力，款式简洁大方，颇具休闲风格，佩戴起来不仅舒适还很轻更有经典的四种颜色选择，都很适合秋季季节。

另外方脸的人在冬季的时候也可以选择一款时尚的雷锋帽，因为雷锋帽的整个面积比较大，如何仅仅是考虑到帽子的保暖和时尚效果，冬季选择一款雷锋帽是个不错的选择。除此之外，一些帽盘比较大的毛线帽也很适合方脸的人。

英伦爵士帽，英伦爵士帽采用的是平檐草帽帽围、锥形帽檐和短檐檐形制作而成的一款平檐材质的帽子，凸显了人们自然休闲的风格，拥有者黄色黑边、橘色黑边、卡其色蓝边等多种颜色选择，是方脸型朋友逛街出外的不错选择，而且它的材料是细草材质，不仅容易定型还不容易变形哦。

长脸形适合的帽子

长方脸型的人，帽子不宜过高，如果超过一定的比例高度，会使脸型显得更长，帽子顶端呈圆弧形最好。脸部露出 2/3 瓜子脸型的人适合戴各种帽子，只是帽型深度要适中，以脸型的 1/3 左右为好；方型脸的人，帽子造型要按比例高一些，脸部露出 3/4 为宜；圆脸型的人，帽子应设计成方形、尖形或多边形为好。

1.贴头的毛线帽看上去简单又精致，无论是露出长长的直发还是卷发，都很有女人味。在帽子上别一朵装饰性的小花很有甜美的感觉。另外选择一顶民族风的毛线帽，再搭配上造型性强的耳环，素雅的造型让人觉得干净却不单调。

2.一顶盖住耳朵暖和的针织帽往往能够起到意想不到的保暖作用。褶皱堆叠可以转移视线重心，在不知不觉中也可以完善脸型，网状的针织帽也很流行，无论是想要变得更可爱还是甜美抑或是俏皮的感觉，都可以找到适合的款式。

3.短帽檐的小礼帽总让人觉得很精致，粉色的帽子配上一圈小装饰，会更加的可爱，也很有小女生的感觉。英伦风情的格纹帽，俏皮学生无人能敌。对于大脸蛋的女孩来说，最好是披散的长长的卷发，这样才有削减脸部的效果。

4.二战时期的美国军帽，很有复古感，也有画龙点睛的效果。年年依旧流行,旧社会上海的鸭嘴帽,有些男孩气,80年代复古风的格子帽,不管是整体的搭配还是画面效果都十分和谐。这些帽子都可以修饰头部的造型,短发女孩也很适合。

5.假如想成为名门千金不妨学学明星们头上的那顶时装帽,无论是南瓜型的还是加宽的军帽型的,都是值得推荐的。巧妙搭配也让你成为对时尚敏感度很强的名门千金,甜美装、酷酷装任你选择。

衣服补脸术

圆脸形——甜美可爱风

圆脸本生就给人的印象是可爱的,适合穿比较可爱的衣服。关键要选的衣服必须与你的气质相称。首先圆脸女生选择的服饰要露出脖子的线条,露出锁骨,这样尽量地突出下巴。适合公主领、小洋装等。

1.短款毛衣:短款毛衣因为短小,花纹别致,所以可以穿出小巧玲珑的感觉。袖子较宽,里面穿紧手的衣服,可以突出层次感。想要穿得可爱,裙子就最合适了。小毛衣很短,下面配上短波波裙,就更小巧玲珑啦。

2.短袖的小毛外套,圆领的设计,领口处有一个纽扣,下面是没有纽扣的,所以衣服会打开,只能作外套之用。 作为外套之用,里面可以穿连衣裙,这样就比单一的连衣裙穿着多了分层次感与色彩感。

3.花纹毛衣:很突出的扭纹花纹图案毛衣,没有帽子的短毛衣设计,比经典的款式多了份特别感。而且纽扣是与衣服相搭配的,纽扣比一般的要小,而且非常多地排列,这是重点之一。 这样很像小婴儿穿的小衣服,可爱秀气。V领的设计,里面穿高领的衣服就不会显得空虚。最好选择白色,可以穿多颜色的连衣裙等,这样丰富整个人的感觉。但不要过于艳丽,否则会夺去白色的纯净,也不可爱。或是可以选择一点可爱的胸扣针,增添可爱的感觉。

4.蕾丝花边类衣服:领口是缕空或者带蕾丝花边,看上去很洋气非常有淑女的感觉。搭配上可以加些时尚、个性的单品这样甜美的风格,甜蜜小公主造型就完成了。

长脸形——温婉优雅风

长脸女生不易穿与脸形相同领口的衣服, 更不宜选择V领和开得低的领子;不宜戴过长下垂的耳环,适宜穿圆领口高领口的衣服;也可穿马球衫或带有帽子的上衣;可戴宽大的耳环。

经典的黑白条纹衫；前面的拼凑式设计相当独特；给人以自在随意的感觉。胸前的聚拢型设计，有显瘦的效果。搭配上简单的棕色休闲裤衬托出女性成熟与稳重的气质。

上衣不过于宽松，应该尽量合身，外套也要选择有腰身设计的款式。上衣的颜色可以鲜艳、明亮一些。适合穿深色长裤或长裙。裙子的长度要到小腿肚，最短也要过膝盖。宽松些、压大摺的款式比较适合你，另外圆裙、直筒裙也是不错的选择。还可用穿深色长裤、或深色高筒皮靴的来掩盖腿形。KK 可以选择高腰的宽脚 K，腰间的捏摺可以给稍胖的下半身留有空间。搭配裙子的时候，鞋子的款式不要过秀气，这样会使腿显得比较粗。风格粗犷的鞋子可以平衡和腿形的比例。

方脸——成熟大气风

方脸的人可以穿长领型的服饰，这类服饰能给人以柔和的感觉。多层次的搭配方法可以让你看起来更加苗条，当然每一层都必须是很轻薄的，否则堆在一起就太厚重了。像这样通过围巾和透明薄衫来搭配白 T 恤，随意又好看。围巾在领口形成的 V 型正好可以拉长脸形。

方形脸可以选择大开领的服装，而复杂的、窄小的领口和高领都会突出脸型。另外，项链、丝巾等，也不要紧紧地贴着脖子。不要为了时尚就选择一起太宽松的服装，那样会显的邋遢。也不要穿小领型的服饰，否则会给人一种脖子被捆缚住的感觉。

如果聚会或者有生日聚会带亮片的衣服比较适合，这样的衣服会有膨胀的作用，如果你的身材还算不错的话，可以选择这样的服装，夸张身形，反衬小脸视觉。

V 领的服装也是方脸女孩的最爱，可以在视觉上收缩下巴。当然大翻领的服装照样也可以衬托出小脸的效果。

墨镜补脸术

如果你不是很满意自己的脸型，镜框的形状不要与脸型相同，"圆上加圆"、"方中带方"所形成的视觉效果会过于强烈；但也不能矫枉过正地选个与脸型极端相反的镜框，以免让人远远一望，就对突兀在镜框下的脸型印象深刻。例如圆脸佳人要避免圆形镜框、方脸佳人要避免方形镜框；相反地，圆脸佳人同样不适合方方正正的镜框、方脸佳人不适合圆形镜框。

究竟不同的脸型适合什么样的墨镜呢？让我们一起来看一下。

圆脸

从墨镜的颜色上选择,过艳的黄色、红色镜片或框架线条纤细柔和的太阳镜,会将脸庞衬托得更大。因此,这种脸型的美女应该选择框架稍粗、镜片颜色偏冷、较深的眼镜,有"收紧"脸庞的视觉效果。

镜框方面,圆脸适合有棱角的镜框尾端微微上扬的款式,框架大一点比较好,这样可以弥补脸长的小缺点,让脸型看起来更秀气。

圆脸适合什么墨镜的准则:

1.不能挑圆形框的墨镜,会让脸看起来更圆。

2.不能挑颜色艳丽或太浅的颜色。

3.最好不要用大边框的墨镜,会增添厚重感。

长脸

其实长形脸最适合的是佩戴圆形和方形的镜架,而且眼镜可以选择的大框的,有点夸张的那种,效果应该会很好,会很有感觉哦,不防去试试。

但是值得注意的是,镜框同样不要宽过脸颊否则会让你的脸显得更长。

这样你就可以选择扁圆形或弧形镜面、略粗的镜脚这样可以减弱长脸的细长感。

还有一点要注意选择女人味浓一些的粉红或葡萄酒红色的镜片能增加脸庞的亮度。

方脸

方脸庞的人宜选用上下较窄框架四角呈小圆角的太阳镜,太大和太方的镜框只会使脸部显得更方,镜片颜色以稳重的褐色为佳。

1.方脸最好配戴椭圆形的墨镜,方框和圆框都会凸显方形脸的线条,要避免。

2.时下流行超大框墨镜并不适合方脸,最好挑选秀气的扁圆框和细緻镜脚的款式,让脸部线条柔和一些。

3.选购服帖、顺着脸包覆的太阳眼镜,可以达到修饰脸形的目的。

眉毛与脸

眉毛属于五官之首,不要小看眉毛对于你面部的修饰作用。我们常说眉目传情,或是眉清目秀,都与眉毛脱不了干系。要想让眉毛为脸部增添风采,必须要让眉形更好看。当然好看的眉毛也需要和脸型协调搭配。当然,每个人的脸型都不一样,需要的眉形也不一样,一个从事化妆多年的化妆师曾说过眉毛是五官中最难把握也最至关重要的一个部位。眉毛的画法同时也能影响着脸上的表情,所以说,选对了自己的眉形和脸型相搭配,妆面才好看、出彩。那么我们应该怎么划分眉形和脸型的关系呢?

眉形和脸型的划分

首先我们来简单了解一下眉形和脸型的搭配, 当然具体的情况还是要因人而异。

1.柳叶眉:对于柳叶眉的定义,基本上是说,眉毛和眉尾基本上再同一条水平线上。眉峰在整条眉毛的三分之二处。这样的眉毛,是比较百搭和常见的眉形,基本上没有年龄和脸型的过多要求,几乎适合所有人。眉毛的情感会看上去会给人精致秀气的感觉,没有攻击性。

2.箭型眉:眉型没有角度,眉尾比眉头高,适合脸型较短、较宽的人,可以拉长脸型,使脸型削瘦,给人理智,坚定的印象。适合下垂眼以及圆脸型与棱角型脸。

3.水平眉:顾名思义,就是整体上为一条直线的眉型,会使脸部显得较宽,适合长脸型和面部比较窄的人,可缓和脸型过长,给人古典、优雅的印象。

4.上扬眉:眉头与眉尾不在同一水平线上,类似标准眉,眉尾较短,在眉峰处强调带角或圆弧的眉峰。这种眉型给人有个性、干练的印象,适合圆型、有角度的脸型。

5.下垂眉:眉尾下垂,眉尾低于眉头,眉尾的长度比眼尾长些。这种眉型给人柔弱的印象,只适合脸型瘦小的人。

6.弓形眉:在眉峰处弧度加高、弯曲,给人成熟、爽朗的印象,适合于额头较宽的脸。

7.短眉:眉型较短,长度与眼睛相当,眉尾稍往上翘,个人青春动感的印象,比较适合逆三角型脸。

看了上面对眉毛的分析,想必对眉形都有一些理解了吧。下面我们来了解一下脸型:

1.圆脸型:如果描水平眉,会使脸更大更短;如果描下垂眉,会使脸更短更圆,因此圆脸适于描上扬眉,使脸部相应拉长。眉毛可以描画出眉峰来。眉峰如果在眉中的话,会使眉型显得太圆,所以眉峰的位置可以是靠外侧 1/3 外,眉峰型状不要太锐利,这样会和脸型差别太大,画出的眉型略为有上扬感就可以。眉间距可以近一些,眉型不应太长。

2.方脸型:适合短眉型,可以是略为上扬的,不可以太细太短,眉间距不要太窄,在眉毛 1/2 处起眉峰,眉峰圆润,眉头略粗。

3.长脸型:适合长眉型。如果描上扬眉会使脸更长,描水平眉则可以使脸显得短一些。眉型可以是粗粗的方方的形如卧蚕,这样会使眉毛在眼上显得有分量。在眉毛 2/3 处起眉峰,眉峰应平一些,眉间距短而宽。

4.正三角脸型:适合长眉型,不适合描有角度的眉。眉型要大方,小气的眉毛会更强调下半部宽大的份量。眉毛不宜太粗,眉间距不要太窄。在眉毛 2/3 处起眉峰,眉头略粗。

5.倒三角脸型:不适合描有角度的眉型,下垂眉或大弧形的眉也不适合。下垂眉会使额头显得更长,大弧形的眉会强调狭窄的额头。只适合描柔和的和稍粗的水平眉,这样可以使额头显得窄一些,缩短脸的长度。眉型要有一些曲线感,可略细一些,不要太粗厚,眉间距不宜太宽。在 1/2 处起眉峰,细一些,眉型不宜太长,眉峰要圆润。

6.菱形脸:适合长眉型,眉型应该显得轻松自然,不可以是那种眉头很低粗,眉尾高翘而细的眉型。在眉毛 1/2 加 0.5cm 处起眉峰,眉峰的角度最好呈明显的三角形。

有人说,在一个人脸部五官中,唯一可以轻松改变的就是眉毛。它可以起到左右你脸部线条和平衡五官的作用。眉型漂亮,整个人就眉清目秀;眉毛乱糟糟的,整个人就没精打采。

优美眉型范例:

李玟的上扬眉 眉尾部分有着自然弧度的上扬眉,会显得有型且时尚。画眉时的诀窍在于从眉峰描绘到眉尾时,必须将线条慢慢地减细,并顺着眉型微微地上扬。眉峰是最重要的部分,要用眉笔将眉峰的弧度勾勒出来,以让眉型的曲线更立体。眉型画法,首先用眉笔从眉头开始,一根根地往眉中间描绘;接着,顺着眉峰的弧度,描绘出自然上扬的曲线;再将线条缓缓延伸到眉尾;最后用棉花棒将眉头部分的多余颜色擦找晕开,让眉头颜色呈现淡点的自然色,最后画好的效果。

梁咏琪的自然眉 所谓自然眉,就是整个眉头到眉尾,呈现缓和的自然弧度。因为眉型没有特别突起的眉峰、或是上扬的眉尾,因此画时只要照着眉毛生长的方向描绘,就能画出自然、平易亲人的亲切眉型。

眉型的画法:第1步以眉刷沾取棕色眉粉,从眉毛的中间部分开始,以点状的方式往眉头渐渐晕染;第2步顺着自然的眉型,描绘出眉峰的弧度;第3步选择自然的棕色眉笔,描绘出眉尾;最后用刷子使眉型更固定。

郑秀文的高挑眉 这种强调眉型弧度高高的高挑眉。也是许多超级名模的代表眉型。如果你本身的眉型就很高挑,只要顺着自己原来的眉型稍微描绘就行。如果没有天生的弯曲眉型,将眉毛后半部分完全剔除,也可以画出让你心仪的这种眉型。

眉型画法:先用眉笔从眉毛的中间部分开始,往眉尾画画细细的条线;接着将眉刷沾取眉粉,从眉毛的中间部分往眉头渐渐晕染颜色上去。

眉头的颜色不宜太浓,否则容易造成头重脚轻的印象;再用刷子将毛流往上挑起,使弓形眉的弧度更明显;最后在眉骨的地方打一点白色的眼影,使眉型看起来更突出。

徐怀钰的一字眉 眉型平坦没有弧度,或是眉峰角度不高的人,只要顺着眉型稍加润色不能画出一字眉。有时流行眉毛宽幅偏窄偏细的一字眉。所以不宜画得过粗和过浓。

眉型画法:首先用棕色眉笔从眉头往眉尾的上半部开始直直地画过去;其次用眉粉或眉笔填平眉峰到眉尾间的部分,使角度不那么明显;然后在刚刚描绘的线条下,用眉笔再次将眉头尾的空隙填满,还是保持直线式的描绘;最后将眉刷持平,先将眉头的毛量轻轻往上挑,让眉毛梳顺就完成了。

让你拥有明星般眉毛攻略

想要拥有明星那样好看的眉毛吗？几个妙招教你瞬间变美。

修整眉毛

并不是所有人的眉毛都需要相同程度的照料。有些人的眉毛只要梳理整齐就行，有些人的眉毛只要拔除几根杂毛就好，但大部分女性的眉毛却要倾注较多的心力。假如是那种眉毛往下长的类型，只要用喷雾胶喷在眉毛上并向上梳理。

描绘眉形

之所以要描绘眉毛，原因有两个：一是原本的眉形过于稀疏而需要增补，二是希望能拥有更加明确有力的眉形。不论理由是哪一个，眉笔或眉粉都是必需品。描绘的时候手法要轻，仔细地将颜色调均，再抹去一切可能被看出的色块。完成之后，记得用眉刷进行最后的整理。

遮盖眉毛稀疏部位

没有像假睫毛一样的假眉毛这种东西让你运用。假如你的眉毛过于稀疏，可从眉笔开始着手。因为眉笔比眉粉更容易附着在皮肤上，而且持久不易脱落。你也可以用完眉笔之后再涂一层同色调的眼影，可以很好地为眉笔定妆。

让眉毛有形

眉毛究竟应该有多长呢？你可以用一支铅笔沿着外鼻侧对齐眼角，铅笔与眉毛交会之处即是最佳的眉端位置。一般情况下，有眉拱的眉毛会比较好看，但要尽量用自己天生的眉拱。而且，一定要确定好形状之后再拔去不要的眉毛。

当然还需注意一些小细节：

眉笔：选择眉笔的时候颜色要比自己的眉毛颜色浅，这样你就是多次描绘也不会让眉毛看上去很假或者不干净。

拔除：拔眉毛的时候千万要小心谨慎，你无法将已经拔下来的眉毛给粘回去，让要让它们重新生长出来差不多要一个月的时间。

眉形：不要试图彻底改变你的眉形。假如你有一对浓密的眉毛就不要将它修成柳叶眉，否则，光是维持眉形就够你抓狂的。

修剪：并不是所有不顺的眉毛都要拔掉，有些伸出形状之外的只要用剪刀剪短就好。硬是要拔除的话，可能会在眉毛上留下缺口。

拔毛：正确拔除眉毛的方法是，一手拿眉毛刷，一手拿斜口镊，一次只对付一根眉毛，顺着眉毛生长的方向拔。拔完后记得上些收缩水。

第一次：假如你是第一次修眉，或者你对拔眉毛这件事感到恐惧的话，不妨求助于专业人士。当然也可以交给修眉毛已经很老练的朋友，日后只要照着已经有的蓝本依葫芦画瓢就行。

顺序：拔眉毛的时候先从不需要花脑筋即可明确做出判断的眉毛下手，像是生长在眉间、眉骨、眼皮上的杂毛。

标准：其实，虽然已经告诉你一些修整眉毛的方法，但并不是一定要一成不变地遵守这些规则。事实上，每一张脸都是不一样的，眉毛长一点还是短一点，都完全因人而异，只要配你就对了。

眉色的选择

常用的眉色有深棕色、灰色和黑色。

深棕色的眉笔一般用于淡妆，自然、写实、时尚；黑色的眉笔可用于眉腰，强调出眉毛的立体感，并使眉毛的力度加强。灰色的眉笔可使整体眉毛深浓而又真实不生硬。

眉色的深浅要与眼线、眼影的颜色和整体妆容相协调，浓度一般不超过眼线。浓妆眉色要深，淡妆眉色要浅淡自然。也可以根据特殊造型的需要调整颜色，大胆地使用红色、绿色、蓝色、紫色等色调。

真正的好点子：

假如你每天在脸上描绘着两条浓黑的眉毛的话，麻烦你快改变吧，除非你真的拥有非常白皙的皮肤。不然的话，还是用黑灰色染眉液在眉毛上轻轻上一层颜色吧，那样，你的脸看起来会柔和自然得多。反之，如果你的头发颜色很浅，黑色、深棕色的眉毛颜色倒是都可以采纳。

闪亮的眼睛

眼睛是心灵的窗户，眼睛是人心灵的一扇窗子，眼睛的结构是美丽的，眼神能传达丰富的情感,是人物画中最关键的表现部位。

一双明亮闪烁的眼睛,是每个人都梦想的,但是,由于人们的社会阅历和情感经历,慢慢的眼睛变的不在闪亮清澈多了一份沧桑感浑浊。很多人说看现在的照片样子没改多少,衣服比以往还更时髦更年轻了,为什么整体看上去老了呢?再仔细一端详,其实什么都没变,变的是那一双布满岁月感的眼睛。

眼睛是五官当中最灵动的美,在评选世界上最美的十双眼睛中,排第五名的莎尔巴特古拉,有着一双非常闪亮的眼睛,也就是因为这个特点她击败了众多美丽迷人的眼睛。她那闪亮的绿眼睛非常迷人。她上了《国家地理》杂志的封面,非常幸运地被由摄影师史蒂夫·麦凯瑞(Steve McCurry)拍摄。直到2002年被《国家地理》杂志重新找到之前,浑然不知自己的肖像已经引起世人广大的回响。

每一滴水都折射出一个多彩的世界,每一双眼睛都嵌进一个美丽的人生,每一条清澈的小溪都闪烁着嘴美丽的光辉,在平凡中渡过,用最美丽的心情看待人世的繁华多彩,用最闪亮的眼睛洞察人生的美丽;脚踏实地用心去做每一件事,在平凡岗位中创造人生奇迹,在平凡中放呈出光彩。因为闪亮的眼睛必定能看到最平凡的美丽。

用孩子那样闪亮的眼睛看世界

看儿童电影,其实是换一双眼睛看这个世界。通过这双眼睛,我们常常发现这个世界,往往与成人视角里呈现出来的影像大相径庭,在心累了以后,用孩子的视角看看这个世界你会找到一些珍贵的纯真的东西。

还记得根据文学名著改编的前苏联电影《白比姆黑耳朵》里的一个段落:冷酷的爸爸因为偷偷抛弃了白比姆狗,遭到儿子托里克的苛责,他深感内疚,在电话中对警察解释,他要急于找到那只狗,因为他"不敢面对儿子目光的注视"。正是因为内心有了这种惧怕,他才会受到良心的谴责,驱使他驱车驶进严寒肆虐的冬夜,去寻找那只被他遗弃于雪夜的白比姆狗。其实,影片里的托里克是一个十分单纯开朗的孩子,与其说是父亲因为惧怕,毋宁看作孩子的目光里透射的纯洁和善良,让冷酷的父亲发现了良知。

在意大利2003年拍摄的《有你我不怕》里,当主人公米歇尔无意中在地洞里发现一个被绑架的孩子,他本能的反应就是伸出手,给这个无助的孩子以水和面包,并搭救他出来,而大人们却将其当作他们的人质和猎物,要千方百计地加害于他。影片中的大人与孩子因此成了敌对的双方。影片中有这样一场对话,当父亲警告米歇尔:"忘记他(那个被绑架的孩子)吧,他不在那里。别向任何人提起这件事。"米歇尔却拦住他:"爸爸,我可以问一个问题吗?你为什么把他放在那里?我不明白。"

影片中的主人公米歇尔有着一双异常清澈明亮的眼睛,镜头无需努力捕捉,都可感觉他的灼灼闪亮。自然与罪恶同谋的大人们,是不敢面对这双眼睛的注视和打量的,要么视而不见,要么慌乱地避开。于是,对于儿子的疑问,父亲的回答便如此含糊其辞模棱两可。"有些事情看来似乎是错的,不要想了,全都忘掉。上床,睡觉。"

生活的历练,可以使一双双纯真的目光变得早熟、深沉和丰富。但其实,影史上大多数以孩子为主人公的影片,往往走的都是纯情路线,那里面闪现的那一双双透明清澈的目光,常常俘获眼泪,俘获感动,因为在柔弱稚嫩的孩子面前,即使铁石一般心肠的人,也会变得柔软。孩子的那一双双清澈闪亮的目光,蕴藏着无比丰富的内容,往往胜过世间许多华丽的语言。让我们拥有孩童般清澈的眼睛,一尘不染,你不仅拥有心灵的健康,也收获了更多的美丽与纯净。

用妆术让我们的眼睛变得明亮

时下,大眼女孩非常受欢迎,这也使得部分眼部缺陷的女孩们烦恼不已,想尽办法使自身眼部变大,使其看上去更加闪亮。眼睛是天生的,普通方法肯定是不行的。

常用方法:用浅色含有珠光的眼影,在下眼头 1/3 处刷一道,让眼白清澈,与黑色眼线对比下,眼睛更黑白分明。让眼睛变大的化妆法,以往都是把眼线画粗,加上浓睫毛,现在又多了一个方法,就是让"瞳孔"的范围变更圆大,并强调眼白清澈,一对比,眼睛就整个放大了。

新大眼法则:黑+亮法则,用眼线液+眼线笔画出深刻又黑的隐型眼线。黑色的眼线液比起眼线笔漆黑有效果,也较不易晕开。沿着睫毛根部画,愈贴近内眼睑的黏膜,愈能让眼线和瞳孔连为一体,黑瞳大眼的效果最看得到。

黑色眼线扩大眼睛范围

1.用眼线液前,先在手背上(在卫生纸上,眼线液反而被吸光)先顺一下笔尖和眼线液量。

2.手指将眼皮向上撑开,清楚的看到睫毛的根部,从眼尾–>眼中–>眼头,分 2 段描出眼线。

3.再用黑色眼线笔描一次眼线,在眼尾稍微拉长 1mm。

4.在黑眼球正上方,再补一条和眼珠同宽的、略粗一点的眼线,使眼珠看起来更圆大。

5.用棉花棒轻轻左右来回晕开眼线,眼线更柔和自然。

6.以咖啡色眼线笔(或眼影也可以),描出下眼尾 1/3,让眼珠更漆黑。

再把珠光眼影也刷在眉骨、眼周 C–Zone,使眼型更立体,睫毛膏刷出柔媚眼神

7.上、下眼睫毛都刷上黑色睫毛膏,黑的对比更强,眼神更亮。

眼部化妆术

眼部是面部表情最为丰富的地方。想让双眸大而清澈,散发诱人魅力,眼部化妆术必不可少。不过,眼妆是整个妆容最难,最为传神的一部分,如果你想要变的美美的,拥有一双能魅惑人心的大眼,就要掌握眼部化妆术。

在埃及对于女人们而言,眼部化妆术除了漂亮以外还有着很多讲究。

埃及艳后克利奥帕特拉和她的家族成员都是画烟熏妆的各种高手。

现在,法国研究人员认为,这位古代埃及美女厚重的眼影并不只是为了吸引崇拜者——它们还能保护眼睛免受感染。

古埃及遗存的文物和文件显示,当时的每一个人,从男人或女人,从仆从到女王,眼睛周围都涂着厚厚的黑色和绿色粉末。

根据古埃及手稿考证,人们相信眼妆有神奇功效,在眼睑上涂颜料能得到荷露斯神的庇护,而不受疾病侵害。

眼部细菌感染，例如结膜炎是尼罗河沿岸热带湿地常见的疾病。但是，研究人员对古埃及化妆品盒里的粉末残留进行了化学分析，分离出 4 含铅化合物。这似乎表明，该化妆品是有害的，因为铅对人体有高致毒性。新研究发现，化妆品中低剂量铅盐可能真的有益健康：当铅盐与皮肤接触时，可以激发身体产生一氧化氮。这种化合物可以刺激免疫系统，帮助对抗致病细菌。根据古代化妆品中铅化合物的含量计算，一氧化氮水平提高了 2.4 倍。

猫性大眼妆　像猫眼一样冷眼高贵

猫眼魅惑，性感从双眼释放。经典的猫眼妆可是明星和秀场妆容的宠儿。

Scarlett：先画眼线，再画眼影，眼线向上挑让眼睛有神采

Scarlett 最近都是以烟熏效果的猫眼妆出现的，虽然这种眼妆很容易画的很混乱，但是她的整个眼妆效果画的非常完美。画这个妆容的最关键的在于先画眼线，再画眼影。在你的上眼睑和下眼睑都画上比较粗的眼线，然后再把这两条眼线延伸在一条线在眼角往上画一点角度，使得眼睛更大一点。然后在眼睑的中间画上较大范围的，比较深的猫眼轮廓，一直滑到眉毛尾端的部分。然后在内眼角涂上白色的眼影，和其他部分的眼影晕染在一起。

Nicole：眼影晕染出轮廓，再画眼线

虽然 Nicole 的猫眼总能让她像一只美丽的小鸟那样看人，但是却非常有魅力。为了打造这样的眼妆效果，开始用上磨砂的淡金色眼影从睫毛根部往眼睑上面涂，然后，用眼影给整个上眼睑的边缘画出一个轮廓，再用眼线液从内眼角轻轻地往上描成一定角度，一直描到眼睑中间。然后在眼睑的中间的最上面画上一条直的线刚刚超过睫毛根部就可以了，这条细细的线条在你的睫毛上面可以很明显的看到，然后把线下面的部分全部涂满。

Emma：紫红色眼线丢掉黑眼线的沉重感

如果你不想用黑色的眼线笔，EmmaStone 的眼妆造型是你不错的选择。选支紫红色的眼线笔画成猫眼的感觉，然后在眼线的上面和下面涂上紫色的眼影，这款妆容可以让你不再有黑色眼影带来的沉重感。

章子怡：上眼线伸长，下眼线细，会让眼睛变大哦

章子怡轻描的猫眼妆却非常完美。首先从眼睑中间画出一条稍微带点角度的线条，一直画出睫毛根部的边缘。然后再把这条线加粗一点，再在下眼睑的地方画一条细的眼线，这样的妆容可以给你一种持续的错觉，而且这样的猫眼妆不需要在你的眼睑上面涂很多的眼影而使得眼睛看起来很小了。

Katy：用黑色眼影画眼线,假睫毛让眼睛更有神采

Katy 总是以性感,难以置信的夸张猫眼出现,如果你想打造出这样的眼部妆容,秘诀是什么呢？要用上黑色的眼影画眼线,不要用眼线笔画眼线,画出猫眼的感觉, 与下眼睑和内眼角的银色形成了鲜明的对比, 最后为了突出猫眼的效果,粘上猫眼形状的假睫毛。

Michelle：下睫毛涂上睫毛膏

Michelle 的猫眼妆也同样非常简单。首先,在睫毛根部的线条开始扫上白色的眼影,然后多扫几遍,然后,从内眼角开始用眼线液呈一定斜角往上画,一直画到眼睑中间的地方,再从中间往外画,一直要画出睫毛根部。然后填满刚才画的眼线接近睫毛根部, 最后一定要用上非常安全的黑色睫毛膏涂在你的上下眼睫毛上。

Gwen：下眼线要比上眼线粗,用黑白色对比效果突出眼线

Gwen 具有非常独特的猫眼妆。为了更好的修饰眼部轮廓,实际上她在下眼线画上了很深的线条,然后再画上猫眼妆。为了画出她这样的效果,可以在眼睑部分上一层白色的眼影, 然后在上眼睑用黑色的眼线液画上一条轻轻的线条,然后再用眼线液在下眼线画上明显的粗线条,一直滑到眉毛尾处的下面。

Eva：从眼睑中央开始画眼线

Eva 的令人羡慕的眼线画起来非常简单——眼线液勾勒上眼睑的边缘,然后从眼睑中间画一条比较细的线条,一直轻轻的画到超过睫毛线就可以了。

Angelina：下眼线和白色眼影很关键

Angelina 的猫眼妆是专为她的年龄而设计的。为了打造这样的彩妆造型,首先应该上一点眼影打底,颜色要比你的肤色稍微亮一点、黄一点。然后根据她的彩妆造型师的步骤打造出眼影粉的造型：在上眼睑上画一条浓的线条,然后在眼角处进行晕染到烟熏的效果, 再在下眼睑画上一个更浓的线条,在眼睑的最前面扫上白色的眼影,最后刷上 2 层的增长的睫毛膏。

Alicia：金属光泽眼影让猫眼妆更性感

AliciaKeys 几乎总是在她的猫眼上画上明亮的色彩,这使她看起来非常年轻,而不是过于性感。为了创造出这样的效果,从睫毛开始画上眼影,然后慢慢增加,一直晕染到内眼线周围。然后,用上眼线液画一条眼线,从你的眼睑中部往后画成一定角度,一直画到眉毛尾部正下方。好了,你屏住呼吸一次性

把眼线画好。

女人的性格要像猫一样,优雅而文静。妆容上自然也要精致一点,以下的猫性眼妆画法,让你像猫一样优雅,眼神却依然冷艳高贵。

step1:首先第一步画眉毛,用棕色的眉笔一根根的画出上扬的眉峰,画出一个自然的弧度,让眉毛看起来很精神:

step2:画眼睛部分,如正常眼线画法即可,眉尾要稍稍延长一点,让眉尾的结束点保持在猫眼眼线上翘的位置,让妆容更加突出。

step3:在笑肌部分用大刷笔,围着最高处圆形拍打腮红,并且横长晕开,这样看起来,面部会看起来更自然一点。

tep4:涂上滋润的透明色唇彩,轻轻刷唇部打造润泽的立体感。

甜蜜公主眼妆

粉嫩的妆容其实女生都会很喜欢,但是却比较难打造出来,尤其是颜色的搭配,一般来说都要尝试很多次才能找到最佳的搭配组合。大眼妆可以说是女生的基本妆容,不管是新手还是懒人通通都会的妆容,而具有粉嫩感觉的桃花妆结合体,却不是那么多人会,许多人会觉得很繁复,其实却很简单,眼部化妆只需要运用几种眼影就能完成。

说到甜蜜公主,就会看到王心凌的甜蜜公主眼妆:首先用桃粉色的眼影涂满整个上眼窝,再用淡紫色涂抹在眼中的位置,接着用淡粉色涂抹在下眼睑的位置。因为全部都是淡色系,所以需要一些深色的眼影来压一下,所以眼尾用棕色的眼影稍微涂抹出阴影的效果就好了。眼线可以选择眼线液,因为有假睫毛的遮挡,所以不太自然也没关系,重点是不会晕妆,眼尾稍微画的长一些,稍微超出眼影0.1毫米的样子。贴上假睫毛就好了。腮红和唇彩选择粉色系就OK。

大眼妆 魅惑性感又迷人

拥有一双水汪汪迷人的大眼睛,是每个女生的梦想。一个慑人心魂大眼妆绝对能令你赚足眼,即使你的眼睛天生不够大或者是单凤眼,只要掌握好眼妆的化妆技巧,同样可以拥有电力十足的大眼睛。

步骤1:先用金褐色的眼影涂抹眼窝处,作为打底色,涂抹整个眼眶,包括下眼睑处。

步骤2:在下眼睑处涂抹橙棕色的眼影。

步骤3:在画眼线之间,先用棕色的眼影涂抹眼窝,打造出处阴影的效果。

步骤4:用黑色的眼线笔,沿着睫毛要部画出一条细细的眼线,在眼尾处逐渐加粗,水平拉长。下眼睑处1/3处画内眼线,其余在眼外缘,淡淡地填充即可。

步骤5:将睫毛夹翘,使睫毛呈自然上翘的弧度。

步骤6:选择最为华丽的假的睫毛,如纤尘的羽毛般,非常漂亮灵动哦!

步骤7:先用粉底液或是遮瑕膏将唇色遮盖住,然后在唇部中心处涂抹甜美的粉色的唇彩用手向外晕开,越向边缘色泽越淡,打造出渐变色的感觉。

步骤8:以画圈的手法,涂抹上淡粉色的腮红,这款眼妆就算完成了。

萌女水汪汪眼妆

水汪汪眼妆说白就是要画出超大的眼睛效果,同时不会让你看上去很别扭,反而很自然,给人的感觉只是增大了一点点而已,但是效果却超赞的。这款妆容只需要通过眼线和睫毛膏的搭配就能画出你喜欢的大眼妆,因为眼部化妆是整款妆容的重要部分,另外眼线的选择最好是防水的,不要使用眼线液,因为不太自然,最好选择眼线膏或是比较浓的眼线笔。

1.首先用金色的或是浅金色的眼影打在整个眼窝上,让你的眼皮看上去有些闪闪的感觉比较好。

2.接着眼线的画法要注意一下,画到眼尾的时候就稍微停顿一下,再接着画出上翘的感觉,要浓重一些不要画出猫眼那种细长的。

3.下眼睑的眼线要浓一些这样才能放大你的眼睛,在眼尾的位置要与上眼尾进行重叠,把白色的区域全部涂满,这样才自然圆润。

4.最后刷上睫毛膏就完成了。如果觉得眼睛不够大的话,还可以粘贴上假睫毛,最后涂抹上唇彩和腮红。

裸妆:懒人学画清透感妆容

韩国妆容就是以清透感而闻名的,无瑕的底妆,清澈的大眼睛,无一不让人沉醉不已。

一、无瑕细腻底妆

1.先使用一层质地轻薄的粉底液均匀肤色,注意肌肤是健康,只要自然色的粉底才更自然,而白皙肌肤可选择适合自己的色号,肤色不均的,可用紫色隔离霜打底,肤色暗沉就用绿色隔离霜打底。

2.适当局部遮瑕。

3.蜜粉定妆,完成前两步,只需要最后用蜜粉绕开苹果肌,在鼻翼、鼻头、额头,眼周易出油位置轻轻刷一下即可。

二、干净的眼妆打造无辜眼神

1.先利用浅咖啡色眼影晕染在双眼皮的褶皱处。

2.使用咖啡色的眼线笔,描绘出一条细细的上扬眼线,延长眼睛弧度,让眼睛更大,也添加了几分妩媚。

3.重点放在睫毛上,必须刷得根根分明,使用睫毛夹子将一根根的睫毛细细分开。

三、粉嫩腮红

现在韩国最流行的腮红打法,是打在眼部下的苹果肌位置,让表情看起来十分可爱，而粉红腮红可以让肌肤如婴儿般白里透红，都说粉色是恋爱的颜色,要想打造惹人怜惜的妆容,腮红很重要。

四、粉嫩红唇

要想有粉嫩红唇,一款水润系数高的粉红色唇膏必不可少,韩国现在最流行的是咬唇妆,又称为渐变唇。

1.首先用BB霜打个底,选择与肤色相接近的。

2.接着用定妆粉再扑上一层就好了。

3.用遮瑕笔将黑眼圈挡住。

4.用大地色或是棕色眼影涂满整个眼窝。

5.选择一款眼线膏。

6.画出上眼线就OK了,眼尾稍微要画的浓密一些比较好哦,一款韩国妆容就完成了。

烟熏妆:90后00后女孩最爱妆容

烟熏妆是很夸张的眼妆,一般被用于眼睛有不足之处的人身上,拥有明亮眼睛的许多女孩子也很喜爱它。烟熏妆让眼睛如猫眼般极度明亮，充满着迷幻、诱惑、神秘的味道。

这里介绍韩国女孩最衷爱的一款妆容。这款小烟熏妆加入些闪亮的珠光，让烟熏的厚重感减轻了不少，既有朋客的感觉又不失女人味，加上粉嫩的双唇更添可爱的感觉。

1.使用裸肤色的眼影在眼窝处进行大范围的涂抹,下眼睑处也不要忘了,可提亮肤色,均匀肤色。

2.用白色眼线笔,在眼头的位置涂抹,打亮眼头,增加眼部的光彩,在下眼处,自然衔接,画出一条自然的眼线,注意是外眼线。

3.在图中虚线范围内涂抹粉色的眼影,然后用眼影刷自然晕染,让双眼皮的褶皱里充满了粉色的稚嫩感。下眼线处也轻轻扫上粉色的眼影。

4.在上眼睑后侧1/2处涂抹酱紫色的珠光眼影,眼影的范围成一个小三角的形态。下眼睑处也刷上同样的珠光,要与上眼睑的色泽自然过度,打造出小烟熏的感觉。

5.用小号的眼影刷沾酱紫色的珠光眼影,沿着睫毛根部画出一条眼线,下眼线为内眼线。然后再眼头的位置虚线的范围内涂抹白色珠光眼影,增加光泽。

6.用黑色的眼线笔从眼头的位置画出一小段眼线,然后再往后画,眼线越往后越粗,在眼尾部分水平拉伸5毫米。

7.在眼尾的位置要加粗眼线,使其成为成为一个水平的角度。

8.画出下眼线,从眼头画,约下眼线的1/3处。然后用干净的眼影刷晕染,特别是眼尾的部分,与上眼线的自然过度。如此这款烟熏妆就算完成了。

勾出你个性的唇

嘴唇,不仅是语言交流时发音的器官,更传达了肢体的信息,是人脸部重要的一部分。美丽的嘴唇,可以体现一个女人的美丽,性感,成熟,高贵,是一个女人性感的重要标志。尤其是对于经常拍摄各种各样艺术照的明星而言,一个性感的唇形能为自己的形象大大加分不少,大家看到每一个明星的唇部都会性感到恰到好处,尤其是当红明星舒淇、克里斯汀娜,都是凭着自己的双唇来突出自己性感的一面。

舒淇性感"唇"美

美国最大娱乐频道《E》昨日选出最性感的明星身体部位,近年已打入美国市场的女星舒淇,以其丰润朱唇打败好莱坞性感女神安吉丽娜·朱莉,赢得"最性感嘴唇"的美誉,是唯一榜上有名的华人。

舒淇特别的美丽是大家显而易见的,尤其是她那性感美丽的嘴唇,但美丽的唇也需要后天的爱护和护理。

美唇妙招：

1.定期按摩

舒淇说定期给唇部按摩能减少唇部的皱纹：用食指和大拇指捏住上唇，食指不动，只要用大拇指来按摩上唇；再用食指和拇指捏住下唇，大拇指不动，动用食指来按摩。

2.定期去角质

和面部肌肤一样，唇部肌肤也需要定期去除废老角质。定期去角质能够让唇部肌肤在自我更新的同时避免干燥脱皮的现象，而且也能让唇部肌肤看上去更加柔嫩。除了专门的唇部去角质产品以外，砂糖也是非常不错的天然磨砂膏，既能达到效果又不会太过刺激。

3.适量使用润唇膏

润唇产品确实能够即时为唇部肌肤补充滋养成分，但是过度依赖润唇膏会降低唇部肌肤自身的免疫力，从而对润唇膏产生严重的依赖性。一天使用润唇膏不要超过3次，而在夜间则可以涂抹得厚一点，就像是做个唇膜一样，给肌肤深度滋养。

4. 干裂皮肤

舒淇认为嘴唇也应该适当的去死皮。现在市场上就有很多唇部磨砂膏，但这些只是针对健康唇部的，干裂唇部要慎用，就算你是健康的唇部，也不能过于频繁使用。干裂唇部在做护理时要非常小心，先用热毛巾敷唇3~5分钟，然后用柔软的刷子轻轻刷掉唇上的死皮，再抹上厚厚的润唇膏，特别是含有甘菊、金盏花以及蜂蜜成分的唇膏产品。

克里斯汀娜之诱惑"唇"美

流行乐小天后克莉斯汀娜-阿奎莱拉，这位曾被著名男性杂志《Maxim》的读者投票选为全球最热门百名女性第一名的25岁歌手如今已经历了从自然美到叛逆美回归自然美的全过程。

刚出道时的克莉斯汀娜，形象清纯可人，是为玉女精灵。但是之后，随着她开始文身、穿鼻环、穿唇环，"玉女"形象演变为酷酷的叛逆者。但是克里斯汀娜唯一不变的是对唇美的热爱。尤其是她那双性感的唇，就好像打开了潘多拉的魔盒，充满诱惑，让人难以抗拒。

美唇妙招：

克莉斯汀娜喜欢自制 Gloss 给嘴唇以护理保护作用，并使色彩更加柔和。方法是：用牙刷上的一小撮毛取一些唇膏的残余，再取适量凡士林，充分调和后装入小瓶子中保存。现在明白了吧，足球场上的猛男为何逃不脱性感尤物克里斯汀娜的美丽双唇。

茱丽娅-罗伯茨热情"唇"美

时尚界永远魅惑无边，谁拥有性感热情的美唇，谁自然就成为情色的旗帜掌旗人，茱丽娅-罗伯茨理所当然地引领风骚十几年成为美唇性感的最好见证。

罗伯茨的唇宽长的由中线分开，张扬着撩人的性感，谁能经得住这样美色的诱惑？

美唇秘招：

茱丽娅-罗伯茨唇美是上天铸就，但她也离不开挑逗唇情的唇膏。紫色与黑红色的唇膏是罗伯茨最喜欢的唇色。也有的人一直以为罗伯茨如此风光，一定少有烦恼，但事实上，盛名之下她的确感觉到压力，只不过她已经能应付得得心应手了。她也有难堪、尴尬的时候，那多半是因为找不到适合自己的唇膏。

世界第一美唇——加拉赫

她是足球世界里的头号足球宝贝，而不仅仅是英伦第一足球丽人。这位有着被誉为"世界上最性感的唇形"的 LOVE 唇形（心形嘴唇）的女人是英国天空电视台的当家花旦，一位智慧与美貌兼得的美女。

只有爱丁堡这样造化灵秀的古城，才能养育出姬丝蒂·加拉赫这样的绝色美人；也只有加拉赫这样的绝色美人，才能让天空电视台的《足球90分钟》节目，变成一个时尚话题。

在这个以貌取人、以色惑人的世界里，很难不把加拉赫列入到乔丹的行列之中去，何况她比乔丹聪明，自然的身材甚至要比乔丹借助手术刀修补更有诱惑力。可加拉赫不是乔丹，她是一个在传统和现实、美丽与肉欲、典雅和庸俗之间那条钢丝绳上舞蹈的精灵。她也会彷徨迷茫，就当凡俗大众以为她终于堕入红尘不能自拔时，她却像只云雀飞入了另一片天空。

美唇是性感的象征，一双美唇的背后就是无尽的诱惑。但是往往天公总是不作美，涂唇膏的方法来使得自己的嘴唇更加性感迷人。

勾出你美丽的唇

好看的唇妆不仅能改变整体的妆容，让人感觉气质非凡，也能着重突出迷人的嘴唇，让唇妆成为点睛之笔，夺人眼球。好看的唇妆不是只有完美的唇形才能画出来，通过口红颜色的搭配和唇线的描绘，也能得到完美的唇妆。MM们可以学习画唇妆的几个技巧，轻松画出最完美的唇形。

画出好看唇妆 1：找到专属的唇色

即使口红颜色色彩丰富，可是由于肤色、唇形等等原因的限制，不可能适合于每一种颜色的口红，要想让唇妆画得好看，就要选择一款适合自己的口红。在购买口红的时候要上妆对比，这样才能看出什么颜色称肤色，什么颜色涂了最能突出自己的气质。

画出好看唇妆 2：改善人中的比例

改善人中比例要先用亮白色唇线笔着重描绘唇峰与唇谷处 M 区，通过唇线笔的描绘可以让唇部看上去更翘、更饱满。人中较短的女生可以用亮白色唇线笔以高光打亮人中凸出的两条线，再用手指将边缘晕开，这样可以在视觉上拉长人中，让五官看上去更舒展。

画出好看唇妆 3：嘴角画成上扬的样子

首先要在上唇的 M 字区的唇峰处，用唇线笔在大约一毫米上做标记，然后要在上嘴唇上方两毫米的位置做出标记，最后用唇线笔连接上嘴唇的唇线，唇线的连接要画成自然有弧度的曲线，不要直直地连接，不然就太突兀了，唇型也不自然了。

画出好看唇妆 4：缩短下巴的长度

下巴也是会影响到唇部的妆容，在画唇妆的时候，用跟自己肤色相近的唇线笔把下嘴唇的轮廓描得更大一点，大约略微宽于下唇线两毫米，这样画好唇线之后，下巴就会看起来更短一些。在画外唇线时要画成流畅的弧度，并且画外唇线适用于嘴唇较薄的女生。最后将唇线连在一起，唇线就清晰了，唇妆也更饱满了。这样的唇妆是不是更好看了呢？

打造不同风格的唇

选用专业的唇部打底,遮盖掉原来的唇色,才能让色彩在唇上的还原度更好;唇线是性感的关键。上唇一定要画成圆润的"M"形,并加粗唇峰两侧的宽度。最后微笑着说"茄子",便于检查,用纸巾轻轻按压,去掉多余唇色,让颜色更持久。

不要认为这几步就能画出本季流行的红唇妆,还需要搭配纯净底妆和个性眼妆,才能更加光彩照人,女人味十足。

1.用浅色粉底提亮肤色,白皙的肤色和纯净的肤质可以突出女王般高贵的气质。

2.在睫毛根部描绘清晰的黑色眼线,并涂上黑色睫毛膏,清晰的黑色线条能强调出硬朗、大气的中性美。

3.唇部是整个妆容的重点,眼妆就不要太夸张,在眼窝处涂上比肤色略深的眼影,画出眼部的层次感。

4.沿唇部边缘画红色唇线。对于红唇妆来说,唇线是重要的一步,既可以避免唇膏外溢出来,也能调整唇形。本季的红唇是追求个性,而不是强调妩媚,属于唇型小的人不妨把唇画大一点些,还要强调唇角。

芭比粉红雾唇

雾面唇膏又流行起来,特别是像是芭比娃娃的粉唇,非常受女孩子的欢迎,不论是深肤色或浅肤色都很适合。打造打造粉红雾唇最重要的关键,先用肤色遮瑕膏消除原有的肤色,接着再刷上粉红唇膏,与油亮亮的眼妆相呼应。

芭比娃娃专属的粉红雾唇
受邀担任 LV 春夏代言人的史嘉蕊,影像里的纯真娇媚,十分惊艳,一眼就看到雾面的粉唇。

明艳橘色让你备受瞩目
甜姐儿形象的瑞秋比尔森,可爱的唇型与明亮的唇色可是迷倒不少男明星。自己也想尝试喜欢明亮的唇色,建议搭配肤色或大地色唇蜜,将唇膏色的亮度修饰,才能使甜美度刚刚好!

橘色也是春夏受瞩目的新色,而以橘色泡泡糖、QQ水嫩感才叫流行。手边若有肤色唇膏、棕色唇膏或淡粉红唇膏,叠上橘色唇蜜,再画上金色眼影做搭配,整个人顿生亮色。

性感妩媚嘴唇

1.润唇膏滋润双唇,为唇部打底。这样既可避免出现唇纹,还能使后面涂抹的唇膏更亮泽。

2.使用接近唇色的唇线笔勾勒唇形。勾画时只需紧贴唇部边缘即可,不要超出唇部,避免显得老气。

3.再使用珠光粉色(带微微珠光粒子)唇线笔,加强上唇峰和下唇腹,这样能立马使唇部看起来嘟嘟的,更显丰满可爱。

4.唇刷蘸取唇膏,涂满整个唇部。在涂抹时不要忽视唇角。

5.用透明的唇蜜或者与同色系的唇蜜,点在唇中间(上唇峰和下唇腹),适当向唇角两边带一点点唇蜜,增加双唇的光泽度和丰满度,需搭配粉嫩哑光底妆。用隔离与粉饼(或散粉)来打理出底妆,粉嫩无油光,能显得唇妆凸出干净。

三种唇部化妆帮你改善唇形

厚唇修饰

嘴唇过厚给人一种不秀气的感觉,长得匀称的也许会被称为性感的安吉莉娜·朱丽。但是很多人过于厚实,所以要通过唇部化妆来弥补了。

1. 用与肤色相同的粉底,给双唇打一层薄薄的底妆。

2. 用唇膏平行于唇线内侧仔细涂抹。要使用近乎唇色的自然色,如棕色、浅褐色。 记住亮光口红不宜使用。

薄唇修饰

过薄的嘴唇让人感觉不够亲切随和, 总觉得缺少女性丰满、圆润的曲线美。

1. 在涂粉底的时候,用粉底来模糊自身唇线。

2.用与口红同色的唇线笔沿着自身唇形稍外来描绘唇线,线条一定要柔和饱满。轮廓线可略为扩展一点点,主要是扩展下唇线,下唇眼色要稍浓于上唇色。

3.用唇刷沾取口红或者唇膏涂满。

4. 用亮色的珠光唇蜜在上下唇的中央画开,不要涂满,目的是营造双唇中央的高光,使得双唇看起来饱满。

不对称唇形的修饰

很多人上唇左右唇峰大小不一致,所以唇线会显得非常不整齐,所以根据五官比例来定,若五官比例较大的话,可画大唇线的比例,以保持唇部平衡;若五官比例较小,可画内唇线来平衡唇部的比例。

嘴唇的修饰

1.避免嘴唇过于干燥

嘴唇干燥是很普遍的现象,发生的原因有两种:缺少维生素,缺少水分。应多补充维生素,多吃水果、青菜、避免偏食。每天晚上睡觉之前在嘴唇上涂抹一层厚厚的具有很好保湿效果的唇膏,也可以缓解嘴唇干燥。如果不喜欢用唇膏可采用蜂蜜代替。当嘴唇脱皮的时候,千万不要用手去用力撕,应该涂抹一层厚厚的唇膏后,用热毛巾敷在嘴唇上,十分钟之后再用小刷子刷去即可。

2.制造丰润感

不是每个人天生就有性感丰满的嘴唇的,但是靠化妆我们能掩盖自己的缺陷,制造性感的双唇。你只需要遮瑕膏和口红就能做到。

首先,用遮瑕膏涂抹在嘴唇的外缘,制造出自然的阴影。用唇线笔在唇部勾出一个理想的轮廓,唇线笔的颜色比唇膏的颜色稍深一点。接着挑选自己喜欢的唇膏涂抹在嘴唇上,注意一下嘴唇要涂抹的厚一些,这样能制造出性感的感觉。涂好唇膏后,用唇笔把唇线和唇膏抹匀,不要留下分界线,然后用珠光唇膏在嘴唇中间加一个亮点,增加光泽。最后还可以涂抹一层透明的唇彩。

怎么画唇线

1.如果你的嘴巴本来形状就很好。而且唇线清晰,就不用画唇线了。

2.如果你的嘴巴形状是挺好,但是唇线不清晰,那只要用唇线笔细细地勾勒下自己的嘴型,然后用于唇线笔颜色相近的唇膏涂满就可以了。

3.如果你嘴巴形状过薄或过厚,那就需要自己用唇线笔好好绘制一张嘴了。过薄你可以先用唇线笔勾勒一个比自己嘴型稍稍偏大的嘴型线条,然后用近似的唇膏涂满嘴巴。记得要与唇线衔接过厚这个有点小麻烦首先需要用遮瑕力较强的产品把过厚嘴唇部分先覆盖起来。然后用唇线笔勾勒一个比自己实际嘴唇要小的唇形然后在填满,你可以上完唇膏后,上一层无色的唇彩,让嘴巴整体看上去更有色泽选择唇线笔时,要注意颜色。

轮廓清晰,唇峰凸起,唇结节明显,下唇略厚于上唇,唇角微翘,唇型圆润。修饰方法：依原有唇型勾画出细而实的唇线,在唇线内的唇面上涂满唇膏,以张开嘴唇,唇角不露唇本色皮肤为标准。

嘴唇过厚

有的人是上唇过厚,有的人是下唇过厚或上下唇均过厚。嘴唇过厚使人显得不秀气。修饰方法：用遮盖霜涂于嘴唇边缘,甚至包括唇面,并用蜜粉固定。用深色唇线笔沿唇角勾画,保持嘴型本身的长度,将其厚度轮廓向内侧勾画。唇膏宜选用偏冷的深色,使厚唇得到收敛。

嘴唇过薄

过薄的嘴唇使人显得不够大方,缺少女性的丰满、圆润的曲线美。修饰方法：用唇线笔将轮廓线向外扩展,在原有的唇线外勾画一条唇线,上唇的唇峰描画圆润,下唇增厚,唇面上涂上亮光油,唇膏应选用偏暖的色彩。

如何画出双色唇

首先,必须在嘴唇上好基本色,犹如平常擦口红般。接下来选出第二种颜色,并将下唇分成四个区块,选择中心的位置抹上,大约占满下唇的1/2。最大胆的双色唇彩就是上下唇不同色,选择两种不同颜色的唇膏,切记两种颜色需来自于同一种色调,将较浅的颜色涂抹于上层,较深的颜色则属于下唇。利用唇线笔描绘轮廓。虽然唇线笔自90年代已经不再流行,但为了提升双色唇彩的效果,可以试着先将唇形轮廓描绘出来,以两种相似色度让颜色融合在一起。

腮部妆容

腮部妆容通俗的讲就是腮红,腮红是修饰脸型和提亮肤色的最佳工具,腮红能让整个妆容流露出隐隐的梦幻感觉,看起来会更加完美。

我们平时化妆涂个腮红并不稀奇,但是要达到精致的效果那还是有一些学问的。你想让自己的肤色看似吹弹即破,就像刚从果园摘下的新鲜水果么?犹如水蜜桃般的粉嫩健康肤色才是王道!

暖色白皙肤色

要突出你白皙的皮肤,可以试试将杏色裸色作为妆容整体提亮的色调。杏黄的金色基调与你本身的肤色能很好的互补。

冷色白皙肤色

偏冷色调的粉色腮红最适合皮肤白皙的女孩,轻轻一扫就让气色粉嫩自然,仿佛皮肤内里透出的羞涩红晕,搭配上牛奶粉色的唇膏以及简单的妆容,更显浪漫甜美,轻松打造出时尚韩流范儿。

暖色中性肤色

琥珀色非常搭配蜜糖肤色。这种黄色,米黄色以及橘色的混合色让中性偏暖肤色更加细腻柔和。

冷色中性肤色

与白皙肤色系列里的深色肤色也需要粉红色来做平衡,这样才能有一种更柔和的春季自然红晕。试试在双颊苹果肌拍一点玫瑰褐的的裸色系腮红。

小麦肤色

拥有小麦般健康肤色的女孩们,要如何挑选适合的腮红,才能让气色看起来更红润,整体妆感更明亮而立体呢?

方案 1:局部打亮用浅色 T 字部位 由额头中心向四周晕染。首先,用浅色腮红局部打亮,浅色腮红打亮 T 字部位时,由额头的中心向四周均匀晕染开。

提醒:不要用横向方式晕染,会让眉形上方的位置过于强烈。

方案 2:局部打亮用浅色眼睛下方、下巴。接着,用浅色腮红的余粉,打亮眼睛下方以及下巴的位置。

方案 3:修容用深色深于肤色才有修饰作用。修容时,要用比肤色更深的颜色,才能达到修饰的作用。

提醒:使用的颜色太浅反而会有打亮的感觉喔。

方案 4:增气色用亮色桃红色以放射状晕染于笑肌,要增加黑美人亮丽气色,可选用鲜艳亮色系桃红色,以放射状的方式,晕染在笑肌上。

只要掌握用色重点,深肤色也可选用带古铜或金的橘色腮红,增加皮肤的明亮感,黑皮肤的就可呈现健康的光泽肌。

带有细微珠光亮片的芭比枚粉色腮红,不论你是白皙肤色或是小麦色肌肤都能 hold 住,搭配荧光粉色的唇膏就能令时尚度倍增!

立体渐变腮红

这种腮红画法运用两种以上的同色系腮红晕染出一种渐变效果,与底妆融合后就会就得立体感十足。整个典雅复古的妆容配上性感迷人的长发,女神范十足!

用一种腮红是打造不出渐变的妆效的,多色腮红才是王道。

1.用较浅的腮红将笑肌扫满,这样可以让颧骨显得饱满又立体。

2.使用深两号色的同色系腮红竖着点刷在苹果肌突出的地方。

3.拍上蜜粉就行了,这样腮红渐变又立体的过渡效果出来了!

画出不同脸型的腮红

圆形脸

圆型脸蛋的美女总是让人感受到有朝气、爽朗的印象,因此彩妆的重点只要加强脸立体感,就美呆了呢!

建议颜色:较深的颜色,如暗红色、咖啡色。

粉底:使用深色粉底,如此圆脸就会感觉修长些,也有立体感,运用明暗色系的视觉效果,塑出脸部角度来。加强 T 字部位,在上额、下巴的部份,用明亮色系修饰。例如:在下巴和额头中间加白色粉底。

腮红:使用深色腮红从颧骨往嘴角方向,画成狭长型。

化妆时可使用较深色之修容饼 (即腮红) 以长线条的方式刷染, 强调出纵向的线调,拉长脸型,掩饰圆圆脸过于孩子气的感觉。

眉毛:眉毛以眉笔勾出上扬的角度。

长脸

长脸总会给人沉静高贵的感觉,在彩妆时,要着重以纵向刷出明亮,突显局部,集中视觉效果。

建议颜色:珊瑚色或蜜桃色等暖红色。

粉底:可以用柔和色如米白色,象牙色等较浅之色系的粉底,来先避开脸部四周较方之部位,增加脸型的圆润感。

腮红:在眼睛下方,以画圆的方式,将腮红上在脸颊的正面,红晕以水平方向较长的椭圆方式呈现。在额头及下巴等部位, 可以稍加使用较深的腮红或粉底,让脸型看起来比较圆润。

眉与唇:眉峰及吾峰,尽量要以圆的线条及感觉为主,眉与唇的妆彩,以温和红润为主。

方脸

方脸常会给人积极活泼以及意志坚强的感受,很有野性的美。化妆重点,只要突显自我的个性即可,但最好,表现温和的特质,以避免让人有过分刚强的感觉。

建议颜色:淡红色或近肤色。

粉底:需在宽大的两腮和额头两边加深色粉底,额头中间和下巴加白色粉底,如此方型脸就显得修长些。

腮红:腮红要和粉底充分融合,在T部位可以使用淡色腮红打亮,可以衬托出五官的立体感。使用修容腮红沿着发际往下颚边缘轻轻的修饰,特在自己脸部四个角度,打上暗影,使脸部的角度不明显。

眉与唇:可以强调眉与唇的妆彩,大胆地突显轮廓。

蜜粉就行了,这样腮红渐变又立体的过渡效果出来了!

四步瘦脸腮红画法

1.腮红之前先打底

如果你每次都用心地画腮红,却总是觉得妆容脏脏的不够清透,换了好多腮红都无济于事,那么肯定是你的底妆出了问题。画腮红之前一定要打底,不能素颜。想要让脸看起来小一号,可以选择比你本身肤色深一号的粉底液,因为深色有比较好的收缩效果。底妆要干净清透,才能让腮红更显色。

2.先用液态腮红

想要伪装从肌肤里层透出来的少女般好气色,可以先在面部使用液态或膏状腮红,它的水润质感不仅让肌肤感觉滋润舒适,还能让你的双颊看起来更丰满立体。用手指沾一点的液态腮红,迅速从笑肌处往斜上方的耳际涂抹,不要一次用太多,少量多次叠加,笑肌最高处颜色最浓。把颜色涂得有层次,就能让你的脸自然地变小!涂完液态腮红之后,用透明蜜粉定妆。

3.再用珠光粉质腮红

用液态腮红打底后,为了加强腮红的层次感与立体感,建议挑选有细腻珠光的粉状腮红做加强。同样是刷在笑肌上往耳际带,在颧骨下方斜斜地涂,上下晕开,但不要超出原本液态腮红的范围。最后刷子上多余的腮红可以轻轻地带过额头、鼻梁和下巴,小脸的同时还能让你看起来更加健康、容光焕发。

4.深肤色腮红收尾

宽脸的姑娘们不妨常备一盒哑光的深肤色腮红,单独涂抹显得成熟稳重,与其他颜色的腮红混搭就能立刻营造出自然阴影的小脸效果。在画腮红的最后步骤,使用深肤色腮红在颧骨下方到太阳穴的位置,沿着脸部轮廓画一道斜线状的腮红,注意深肤色腮红的用量一定不能多,否则会显得妆容脏脏的不自然。最后再用一把大号的化妆刷沾取少量珠光粉质腮红轻刷两颊,制造自然过渡的效果。

六大腮红画法勾勒完美脸型

1.让疲惫脸庞回复精神颊彩秘技

选择较强调红色系的颊彩,也许是很无聊的提醒但实际上效果显着。

或者可以在脸颊较高的位置晕染上浅珊瑚红颊彩,在用腮红刷迭上粉红色系的颊彩。两种颜色重迭,会让人感觉是由内侧自然的发色,给人健康的肌肤印象。

2.画上自然颊彩秘技

混合2种以上的颊彩。复数的颜色混搭后会出现微妙的实用色彩,也更容易上妆。推荐的颜色组合是橘色和粉红色的搭配,平常是以一比一的比例混何,想要看起来拥有健康肌肤的话,就使用多一点橘色系;想要看起来可爱一点的话,粉红色就使用多一点。

对于肌肤偏黄的人而言,桃色、橘色、鲑鱼粉红、珊瑚粉红是比较适合的色系。肤色偏粉红的人比较适合玫瑰粉红或桃色。

3.看起来年轻4岁的颊彩技巧

橘色和红陶土色两色颊彩混合,轻刷在脸颊和下巴上。

橘色是"恢复年轻的颜色",和亚洲人的肌肤色系很契合,应该要积极的利用。若将橘色和红陶土色混合擦上的话,会成为适合上妆的颜色。

4.憧憬的小脸颊彩技巧

(1)在下睫毛刷上睫毛膏做出长度。若使用睫毛膏刷下睫毛不容易刷出长度的话,可以使用具有热度的睫毛夹会有拉长的效果。

(2)颊彩上在鼻翼到耳朵之间的平行位置上。

仅仅使用彩妆就能让脸颊长度缩短,给人小脸的印象。对于在下睫毛涂上睫毛膏有所抗拒的人,可以再下眼睑的部份画上眼线或眼影,完成强调眼睛的彩妆就可以了。

5.不会变成浓妆艳抹颊彩的基本技巧

（1）在黑眼珠的中央到下巴的位置之间画出一条直线。

（2）将这一条直线分成三等分并横向画出假想线

（3）在画出最上方的线条，包含自己骨骼的地方就是画上腮红的起点。从这一点开始用腮红刷朝耳朵方向椭圆形的描绘颊彩，就可以自然完成腮红。

6.不会变成浓妆艳抹颊彩的基本技巧2

（1）将腮红刷沾上腮红后使用面纸让多余颊彩掉落。

（2）从鼻翼侧边往外侧方向用腮红刷3次晕染，接着再从外侧到鼻翼侧边2次晕染。

只朝单方向刷上腮红的话会显得不自然甚至会造成颜色堆积，所以一定要让腮红刷来回晕染是上妆重点。

气质女人美妆术

美丽的密码是什么？

对于美妆师来说，答案是"黄金比"美妆术，一次成功的美妆，就堪称是美丽"点金术"；对于普通的人来说，也是美妆术，化妆可以改变平庸的容貌，提升自己的气质，增添自信心；对于明星而言，照样是美妆术，美妆是她们的王牌，是争相斗艳的法宝。

有人觉得化了妆的脸不再自然生动，其实不然，随着社会的发展，人们对美有了更新、更高的认知，化妆技术的改进让妆术有了各式各样的风格。所以妆术也能在自然，精致中透露出柔美，可以使人感到更加的自信美丽。

一张漂亮的脸的背后，应该有一颗柔软的心。当一个人的嘴角柔软地放松，绽放一个微笑。眼神散发柔美的光，接触到你。这样的美，会持久地透出它的魅力。悦人，也悦己。所以你应该学着从一个不化妆的女人转变成了一位从化妆中寻找到快乐感觉的女人。一个美丽的妆，来自内心的柔美力量。化妆，也要修心。让身心的平衡，创造那个独一无二的你。

正所谓没有丑女人只有懒女人。在必须化妆时,达到化妆技术最高境界,就是化了妆都看不出来,但是人就是显得漂亮了。谁也不想自己的脸变成盖着一层厚粉的面具。所以女人,你可以不化妆,但你必须会化妆!

正所谓没有丑女人只有懒女人,如果你嫌化妆太过于繁琐,不如学习既简单又不会很浓艳的自然美丽妆吧!平日里只要稍微花 10 分钟就可搞定哦!

第一步:将海绵轻轻弹拍全脸匀妆,再用海绵对折卷成蛋糕卷状,推匀易卡粉的鼻翼、眼下、发际和脸颊边界。

第二步:用眼线液与睫毛根部描绘极细的眼线,以加强眼神和眼妆层次。

第三步:将睫毛分 3 段彻底夹翘,上睫毛确实从根部往上刷,下睫毛利用笔杆尾端辅助,就能轻松上色且不沾染眼皮。

第四步:利用自然的肤色唇线笔描绘唇线,再选用具发色度又有光泽的口红直接涂双唇,让嘴唇更有质感。

肌肤伪装术帮你逐个解决问题,轻轻松松做美丽完人!下面,介绍一些妆容小技巧,教你如何用最简单的伪装术将自己的"缺点"变优点。

略施粉黛,大饼脸"瘦"下去。女孩长了张"大饼脸",最常见的办法就是在腮帮子的部位打阴影,但这种方法从侧面看你的脸颊会出现"分层"现象;而传说中的"磨骨"手术听起来又让人毛骨悚然。现在不用担心,我们可以通过"重心上移法"巧妙地利用各部位的不同色彩处理,来伪装"大饼脸",再配以得体的发型,效果就可以媲美磨骨手术了!

首先,打立体粉底(T 字部位偏白一些、腮和颧骨两侧使用比肤色深 2-3 号的粉底);接下来,苹果肌的位置用橘色或粉色(也就是正常腮红的颜色)涂抹,在颧弓下线的位置用浅棕色或咖啡色斜扫(圆脸、方脸都一样);最后,唇色一定用浅色涂抹,切忌使用深色,会显得重心下移。

此外,一些穿衣打扮的小诀窍让你的脸型看起来更小巧:U、V 型领从脸部往下的较大面积露肤能视觉上拉长你的脸型;大耳环也能把脸型修饰得小巧可爱;这种脸型比较适合锡纸、烟花等略微显得杂乱的发式,头部两侧发型的蓬松感产生的立体效果可以使整个四方脸有个纵向提升从而更好地打造小巧脸型。

色彩深一度,嘴角就上扬。嘴角下垂让人看起来难免多了几分哀怨,而且这样的唇型在画出普通唇妆后看起来依然不美观。也许以往你会通过勾勒唇线来画出上扬的唇角,但是效果却实在有些呆板,而色彩的对比递进将唇角的角度从视觉上提升 2-3 度！当上唇角下挂的时候,用唇线笔在上唇唇角的部位向上提升一个小弧度;用水红色的唇膏打底,按照唇线笔勾勒出的轮廓涂抹;用深红色(比唇膏底色略深 1 号)的颜色在唇角部位涂抹,从视觉上收缩唇角。

平日搭配日常妆容时,你不妨选择一款米色或是沙滩色的唇膏,总之颜色要接近肤色,用它来涂抹全唇。这样,尽量让唇部成为视觉盲点,而在眼妆上做些文章。

小眼睛"大"起来

大家都知道 Smoky eyes 能让单眼皮小眼睛或是肿眼泡显得大而有神,但是你能天天顶着夸张的烟熏眼妆出门吗?其实,只需要几步简单的变妆再配合一些技巧与选色禁忌,就可以让你双眸更加明亮有神。

首先,采用双色晕染的方法,用浅色为整个眼睑打底,但不要选择闪光或珠光效果的浅色眼影;然后,用深色眼影从睫毛根部向上晕染,逐渐淡化到眼睑一半的位置;如果不描画眼线时,可以多刷两遍睫毛膏,让睫毛呈现出异常浓密的效果也会显得眼睛大而明亮,眼睛不大的萧亚轩就是用这个方法让眼睛看起来深邃明亮。

如果你是单眼皮,还可以给自己描画出一副双眼皮。用深色眼影从眼线上方约 5 毫米左右开始涂,逐渐向上晕染成自然弯曲状。在画出的双眼皮中涂上亮色眼影,上眼睑的边缘画上略粗的深色眼线。颜色尽量选择亚光效果的浅蓝、蓝绿、薰衣草紫、冷调的咖啡色。

妆点内眼角,塌鼻梁"挺"起来

鼻子位于整张脸庞的正中央,影响着整个妆面的立体感。早几年很流行"打鼻侧影"来弥补塌鼻梁的缺点,以此来增加鼻子的视觉高度,但是看起来妆面比较脏且不自然。那么,我们到底该用什么方法去塑造鼻子的立体感呢?

首先,用中间色眼影(大地色、咖啡色或是比肤色略深 1 号的眼影色)涂抹在眼睑前端,略微靠近鼻梁两侧的位置;然后,用珠光白或有点闪亮效果的眼影点在内眼角。但是,鼻梁高光得慎用珠光色:用浅肉色或者用淡粉红加少量的白色与黄色,调成一种比皮肤明亮的颜色扫在鼻梁正中;也可以选用珠光型眼影,但亮光的反射会使鼻梁比较突出,所以点染面积不宜太大,只须在鼻骨及鼻尖上轻轻印搽,而且要符合鼻子本身的生理构造。

"1+1+1",斑点"去"无踪

一盒油质粉底霜、一盒粉质遮瑕膏再加一支淡色唇膏,就组成了一套完整的面部"橡皮擦",帮你把脸上不如意的地方通通擦去,不过最关键的是遮瑕膏。在脸上有瑕疵的部位,大范围涂上一层与肤色相近的粉底。使用带有一点油质的粉底,肤色容易涂匀,遮瑕霜也容易附着。在斑点上涂上能遮盖瑕疵的深色遮瑕霜。千万不要大面积涂抹,否则像带了假面具,而只在有斑点的地方涂抹就够了。霜质的遮瑕霜会有很好的遮瑕效果。此外还可借助遮瑕扫。更有利于填补凹凸的疤痕,比用手指涂抹效果更好更服帖。

需要提醒的是,有瑕疵的脸不宜化过浓的妆,否则脸上会显得有些脏。而且,不要在正在发炎甚至化脓的暗疮上涂遮瑕霜,暗疮化脓或形成伤口,很容易感染细菌,处理不当流出脓水就得不偿失了。

轻拍粉底,皱纹也"浅"了

对于有明显皱纹的肌肤来说,首要任务就是选择一款合适的粉底,而足够的滋润力能保证能带妆一整天也不会感觉干燥。二是粉底要有特别好的延展性,能顺滑皱纹部分而不会产生堆积现象。切忌为了掩盖皱纹而选择厚重的强覆盖型粉底,那样会像带了假面具一样不自然。很多品牌都推出能神奇遮盖皱纹的粉底系列,特点就是能通过光线的折射"牵引"开皱纹,从视觉上感觉仿佛皱纹变浅了。质地轻盈、好推展的眼周遮瑕品,不仅能均匀地修饰眼周缺陷,并赋予打亮眼周,让黑眼圈也不见了。

在眼部、法令纹等皱纹明显的部位一定要以"轻拍"的手势涂抹粉底,这样会让粉底自然地填平皱纹。不要用涂抹的方式,那样容易产生不匀的现象从而让皱纹更明显。从脸中部开始,沿着脸部的自然生长方向即从鼻翼往两颊方向揉开粉底,这种方向会让粉底最为自然,最能掩饰衰老痕迹。

10 步 轻松"妆"出混血魅力

利用简单彩妆术,你就能"妆"出混血魅力。

1.混血肤色。在粉底中混合有柔光效果的产品,用粉底刷或海绵上妆,在鼻翼两侧和眼下多按若干次,上妆时要尤其注意耳后和脖子部位。

2.高光强调。用手指或刷子蘸取香蕉黄或粉红色的高光产品,颗粒以细致为佳。在前额、颧骨和下巴最突出处晕染,制造脸部曲线的视觉轮廓感。

3.明朗眉型。眉毛修剪整齐后,以棕灰色眉笔用短、细而均匀的线条勾画出明朗曲线,之后用眉毛定型产品或防水睫毛膏轻轻将眉毛刷拢。

4.勾勒窄鼻。用中号阴影刷,将哑光深色修容粉从眉头开始,一直晕染延伸到鼻翼两侧。修饰时颜色过渡要自然,否则反而更容易强调缺点。

5.深邃眼窝。在眉骨和鼻子的衔接处内侧、眉骨下方的眼窝里用暗色阴影,眉骨和眼角处使用高光。深色眼影和眼线衔接,由深到浅逐渐过渡晕染到眼窝。

6.四边眼型。在勾画全眼眼线时强调内外眼角,在上眼线前三分之一处和下眼线后三分之一处勾勒出小小棱角,能让眼型更有异国风情。

7.扇形睫毛。将睫毛夹翘再刷上一层透明睫毛膏固定,之后在上眼睑贴假睫毛,交叉浓密型最显自然。再给下睫毛刷上一层兼具浓密纤长水效果的睫毛膏。

8.阴影瘦脸。用大号修容刷将哑光暗色的修容产品沿脸颊两侧晕染,再用腮红刷将修容色延伸到颧骨下方,打造出性感的好莱坞式颧骨下方凹陷感。

"妆"出迷人芭蕾气质

芭蕾女孩有着迷人高贵的气质,全身散发着清淡的优雅。今天,我们就来学习芭蕾气质妆容,让你成为最迷人的焦点。

1.淡雅气质感的自然系粗眉,搭配无瑕底妆与自然眼妆,将芭蕾女孩的优雅气质瞬间提升,有着高贵的性感冷艳。

2.淡淡粗眉有着俏皮淑女气,柔和眉尖与轻薄感的眉头相呼应,眉中的厚重感有着沉稳的智慧美感。

3.裸色系的大地色眼妆,自然地勾勒出眼部轮廓,根根分明的睫毛,跳动着灵魅之美。嫩滑的苹果肌上轻扫裸色系腮红,再在颧骨上方打上立体高光粉,瞬间五官更加立体.

修容术妆出别样气质

1.干净细致的底妆质感

不要因为五官长得不够立体而拼命地化浓妆,把底妆涂得又厚又白,这样子太造作了。在化底妆之前先敷保湿面膜,让肌肤水当当的,上妆的时候更顺滑,薄薄的一层就能展现出细腻的底妆质感。

2.修整眉形突显五官的清秀感

没有立体深邃的五官,但我们有小巧灵气的面容,正确修饰眉形可以让我们的五官变得清秀动人,将东方女性温婉亲民的特性发挥出来。

根据自己的眼形和脸型修整出合适的眉形,利用修眉工具将眉部四周的杂毛清理干净,借助眉笔眉粉等工具补足不够完美的眉形,要特显温润气质的话,切忌过于上扬的眉毛。

3.利用腮红修容打造更自然的妆效

曾经风靡一时的用阴影打在鼻梁两侧和在腮骨处加大阴影来达到瓜子脸效果的修容术已经过时了。方法是:利用腮红,打造俏丽天然的妆感。以太阳穴为起点,向内侧画粉色腮红,可爱又修容。想要运用在不同的场合,可以随时准备一个多色入腮红盒,让你随时随地,展现不一样的自然娇俏脸蛋。

4.晕染的眼线打造自然深邃的双眼

粗黑生硬的眼线画法虽然能加深眼部的轮廓有放大双眼的效果,但是这样看上去十分突兀,呆板。

方法是,用浅色的眼影膏打亮眼周之后,选用用黑色眼线笔描画细致而不夸张的上下眼线,再通过使用棉签来进行晕染,让眼神变得更柔和,眼妆显得自然深邃不生硬。

5.一抹红唇显气场

很多时候,在平淡的五官里我们总是一步一步地认真完成每个部位的化妆步骤,这么一来,本来平淡的五官是深邃了一点,但却依然是个路人甲的妆面,妆容没有重点。

方法是,如果场合合适的话,尽情地使用大红色的口红吧,但要注意的是,为了让红唇不显俗气和老气,在眼妆和颊妆的打扮上要尽量的清淡,让整个妆容最吸睛的地方聚集在双唇上,气场绝对逼人。

卸妆后
我依然
很美

服饰篇

冰清玉洁的
知性美女

香水:女人另一张通行证

每个女人都有属于自己的香,于是女士香水就诞生了。女人如花,既是对娇美面容和婀娜体态的形象比喻,还有如花般幽香之意。花香味的女士香水,或清新淡雅,或馥郁芬芳,让女人散发出各种醉人气息。

香水的魔力,让女人更加有魅力

你喜欢用香水吗?有一句话说得好:闻香识女人。香味是女人成熟性感的一个标志,用对了香水,可以增加你的魅力指数。

热恋中的情侣喜欢送香水表达爱慕之意,"我爱你,假若你穿上这种气味,我想我将更爱你。"因为这气味约等同于爱情。正如科学家说爱情大略就是费洛蒙,维基百科定义它为"一种信息素,由一个个体分泌到体外,被第二个同种或其他物种个体(如通过嗅觉)察觉,使后者表现出某种行为反应的物质,它具有通讯功能。"任谁都不能小看这瓶子里的爱神,那些兴高采烈把 Anna Sui 的许愿精灵领回家的女孩儿,有几个许下的不是寻觅 Mr. Right 的愿望呢?

香水的魔力在于它温柔地霸占了你的一种感官嗅觉,这也是你和世界发生关系与交换信息的重要方式。人们总是注重视觉的盛宴而忽略嗅觉记忆的深刻,与其睹物思人,更有耐人寻"味"一说。

正如我们闻到桂花的香味就联想秋日来临,雨后青草的气味让人神清气爽,面包房出炉的新鲜芬芳勾动食欲大增,晒过的被窝里暖暖的太阳气息,一种气味可以引发记忆的无限联想。生命中太多的记忆都有嗅觉的参与,若担心时间流逝难免健忘,何不用此时此地的香水来铭记呢?

总之,凡事带上点香味,没什么不好。香水不是别人,不是他物,香水是你自己,你用什么样的香水,就成为了什么样的你。与其把香水拟人化,不如说香水是你将自我的拟物化。同此理,无怪乎香奈儿女士那句醒世恒言:不用香水的女人没有未来。

香氛的选择对于不同的人有不同的结果,不过记得要学会用香氛,因为不用香水的女人没有未来,香水是女人的另一张通行证。

那么,面对琳琅满目的香水,我们应该如何找到那款属于我们的香味呢?

12妙招让你精准找到专属香气

选购一款香水如同挑选一款服饰,不同季节,不同心情,不同场合你都会选择不同的服饰。香水亦如此。12妙招让你精准找到专属香气:

1.列出所有你喜欢的味道的清单,然后寻找类似的香水。

2.了解一些关于香水的基本知识,这样购买时才能有的放矢,做出合适的选择。

3.早起末,清晨嗅觉最好,鼻子未闻过其他东西,很灵敏。

早上精神最好、头脑清楚的时候是选择香水最佳时刻,但应避免在饭前、饭后挑选香水。此外,女性的嗅觉也与她的生理状况有很密切的关系。生理期间的嗅觉就非常迟钝,在这个时候很难分辨得出微妙的香味。因此,建议女性在排卵期来选择香水。

4.穿上你最喜欢最得体的衣服。这样香水柜台小姐就能根据你的形象、气质向你推荐适合你的香水。

5.选购香水前,身上不要洒其他香水,不要用有香味的化妆品,因为香味会干扰你的嗅觉。肌肤必须洗得干干净净没有任何气味。

6.准备几块小手帕或几块法兰绒布,用来试香水。在你当场无法决定时,可以回家再试。

7.要有足够的时间,经慎重考虑后才决定购买。先闻一下洒过香水的手帕,如果能引起你的兴趣,可要求在手臂内侧洒些香水。然后离柜台或外出走上一圈,若干小时后再返回。其间可以让你有足够的时间去体验香水。

8.不要试闻多款香水,鼻子会产生厌腻感,最多只能试闻5种香水,尽量不要超过3种。

9.同一牌子的香水,如果香精含量不同,则香味也不同,因此都要试试。浓香水含香精量最高,虽然价格贵,但使用时只要几滴便足够了,而且香味持久。

10.如具有试用装,要敢于索取。

11.忽略包装。美好的香水可能装在一个丑陋的瓶子或者陈旧的纸盒里。尝试通过喷洒一种尚未推广的香水来创造流行吧。

12.最后应由自己作出决定是否购买,不要征求同伴或营业员的意见。选香水是纯属个人的事,即便是你的生活伴侣,也不要强迫他和你一同试闻香水。

只要按照以上方法来进行挑选,相信所有女人都可以轻易找到真正属于自己的那一款香。

怎么用香水才能增加魅力不露怯

香水日渐成为生活中的必需品,很多男男女女都慢慢有了自己的用香习惯。关于香水的奥妙博大精深,这里我们只讲最实用的。看看你有没有用错香闹笑话。

1 个香水奥斯卡全球同此呼吸

香水虽私人至极,却也功利至极。无论普罗大众的主流香还是昂贵的沙龙香、高级定制香,人们都在大同的原材料中寻找自己隐秘的欲望。香水从来不会是私人的,都在为某种相通的渴望买单。当 Marc Jacobs 的 Daisy 小雏菊凭着橡胶感假花,就像故意拧巴的一点后现代,成为年度女香之星,Dolce &Gabbana 的 Light Blue Pour Homme 领跑男香,无一不在暗表,那种半熟性感,一点反讽加玩世不恭,是多数人混沌生活中的一根刺。味道朦胧,却不时会刺激你一下,提示你正在向往的生活。

2 种用香对立派你的欲望给了谁

对于用香,我们从来都泾渭分明:只为自己与为了喜欢的人,时常像水油般无法交融。只为自己挑选香水的人,记忆中很可能有段断开或无法越过的纠葛。丘吉尔曾经得到一瓶叫 Tabarome 的香水,铁盔、皮革,一股子战场硝烟炮火的气息,谁能说制造者 Creed 没摸透他的心思?而沙龙香水的代表之一Demeter 制作的 200 多种香味,全部就来自回忆中的细枝末节,爽身粉、零食、雪、雨,或者还会有一款,是小时候那甜得发腻却每天闻上好多回的橡皮。

我们试图寄香水以厚望,转嫁欲望并续接起这些记忆,重温以往。也许它才是如今众多光怪陆离的香水最温情的一面。

3 种缠绵香色欲万能药

曾有个有趣调查,50%以上的女人认为麝香型体味最性感,而 25%的女人更爱辛辣味,与此对应,香水中的东方香、辛香调还有最普遍的花香调,就是女人眼中比催情药更厉害的桥段。

不过,这样死板的定位,早已不足以诠释我们挑剔的口味与高超的调情素养,ck eternity把那像在花蕊尖飘荡过的味道绘声绘色描绘为透明花香,轻灵得就像被露水淋湿的花瓣,11月就要亮相的chloe新香却另是一种粉嫩奇遇,牡丹、荔枝、玫瑰等等出奇简单的组合,却是那么乖巧,讨人欢喜。

而除麝香、琥珀等传统味道外,我们还能闻到贴近泥土的蕨香,藏3年才能用的鸢尾茎,甚至飘荡在肌肤上的奶香,这类味道真实细腻,喷上它,就一定要去放纵,哪怕只有一时的疯狂。

4种误会别指望他读懂你

女人来自金星,男人来自火星,在香水这件事上也经常能证明。花果香是女人包在小手绢里的糖果,开心不开心都会仔细藏好,偷偷拿出来想与男人分享,可男人们对喷过头的甜香,头会三个大。女人觉得麝香让自己很诱惑,可男人却最喜欢女人身上让他们忘情的甜甜奶香,没有男人能拒绝这样的怀抱。女人喜欢沉静的薰衣草香,男人却无法忍受这类似旧衣物上的气息。

如果为了男人喷香水,千万别自以为是,试着从他的点滴喜好,找到最喜欢的一种味道。偷偷喷上,别告诉他,如果他有感觉,会主动搂住你。

5个细节暴露你的渴望

一个女人的用香习惯一旦形成,几乎会贯穿她的一生。在香水面前,女人没有秘密。

1.习惯在睡前,还要喷香水:这样的女人混合着独立与天真,喜欢幻想,却时常要假面示人。

2.喜欢在深V或后颈处用香:这样的女人正渴望着一场艳遇,她会时常因为口渴的梦而惊醒,都表明内心正压抑着自己的情感。

3.保留着香水瓶,从来不舍得扔掉:一个内心细腻的人,很多时候靠着回忆支撑难熬的日子。

4.喜欢香水漫洒全身:内心里希望自己像个公主一样被瞩目,其实现实中却是个并不善表达的人。

5.突然改变了香水喜好:女人的成熟只在一瞬间,你会越来越觉得香水不够味道,比如在人生的某个阶段,你总会需要No.5。

6个不小心倒了大家胃口

香水是我们想象出来的第二体香,它会让人心神荡漾,同样会让人倒尽胃口,诱惑尽丧。

1.喷完香水就出门：此时杀伤力较大，如有重要约会，最好提前20分钟，之后的味道刚刚好。

2.从不观察香水用量变化：因为嗅觉适应，香水一定越用越多，最好经常更换香水。

3.甜果香从一而终：没有男人会关注这样一个乏味的女人。

4.没有一天不用香水：偶尔保留清淡但自然的体香，会跟素颜一样亲切。

5.别强迫男人用香水：如果只是为了迎合你的喜好而强迫他，他会像穿了裙子一样不自在。

6.总要有瓶特别的味道：撞香与撞衫一样尴尬，总要有某种场合，会让你特别想与众不同。

7 情六欲香水是谁的毒药

香水是最能勾起人们七情六欲的神来之水。爱它的人爱得死去活来，就如毒药一样让人上瘾，让人欲罢不能。它又如曲径通幽，深刻得看不见底。男人迷恋它，女人喜爱它，每一缕香气馥郁，都在诉说着一个个既古老又年轻的故事。魔力与神秘的交织，更能勾起人们心底最原始的欲望与冲动，是绵绵不绝的。

8 处喷香增添女性魅力

女人喷香，一定要用手指划过几条最具魅力的部位：

1.绕脚踝一圈的轨迹：修身长裙是最女人的装束之一，而涂抹脚踝，也是最闷骚的方式之一。

2.小腿至膝盖：这是女人穿上丝袜最美的一段距离，香水沿着优美的弧线飘散。

3.勾勒侧面腰线：温软如玉的腰肢上如果有暗香浮动，将会非常性感。

4.胸部香痕：沿着胸部衣装的开口，轻轻涂抹。

5.连线锁骨：从肩膀沿锁骨划一条线，尤其在穿露肩大领衣时，更有韵味。

6.耳后到锁骨：最亲密的人才能闻到这气息。

7.肩到手腕：并肩行走时，他会捕捉到这诱惑。

8.手指尖连线：偷偷将自己的味道留在他手心。

香水是性感的象征，也是女人品味的延伸，更是女人心灵之语的外在流露香水是身份和地位的象征，女人只有在自己的香氛中才能感觉到自己是女人中的女人。从埃及艳后克利奥到唐朝美人杨贵妃，有魅力的女人无不散发着独特的芬芳。正因如此,香水在历史上拥有至高无上的地位,成为名贵风流的宠爱之物,演绎出多少不可思议却又合情合理的情感故事。这,就是香水艺术的魅力。香水是女人的另一张通行证,就让我们正确使用香水,尽情绽放女性独特的魅力吧。

饰品:让美丽更璀璨

饰品是缠绕在女人颈间,指尖的千世情缘,美丽的女人和惊艳的饰品都是世间尤物。女人用饰品衬托美貌,饰品用女人展现璀璨。

女性饰品的佩戴原则

女士饰品佩戴是服饰礼仪的重要组成部分。饰品不仅具有美化的功能,同时还能传播一定的信息,具有一定的象征意义。在社交场合,女士应了解饰品佩戴的一些特殊意义以及如何佩戴饰品的一些技巧。

饰品种类

目前,女士饰品世界是丰富多彩、五花八门。大致有戒指、耳环、项链、手镯、脚链、胸针等。根据饰品的材料和质地又可分为三大类:矿质类,如钻石、宝石、玉、水晶、玛瑙、翡翠等;非矿质类,如珍珠、象牙、琥珀、珊瑚等;仿制品类,如玻璃制品、陶瓷制品、木制品、人造珍珠、宝石、镀银、镀金制品等等。

饰品佩戴的原则

1.季节原则

饰品佩戴应考虑一年四季有别的原则。夏季以佩戴色彩鲜艳的工艺仿制品为好,可以体现夏日的浪漫;冬季则佩戴一些金、银、珍珠等饰品为好,可以显现庄重典雅。

2.场合原则

女士赴宴或参加舞会等,可以佩戴一些较大的胸针,以期达到富丽堂皇之效;而平日上班或在家休闲时,可以佩戴一些小巧精致、淡雅的胸针、项链、耳环等。

3.服饰协调原则

饰品佩戴应与服饰相配。一般领口较低的袒肩服饰必须配项链,而竖领上装可以不戴项链。项链色彩最好与衣服颜色相协调。穿运动服或工作服时可以不戴项链和耳环。带坠子的耳环忌与工作服相配。

4.体型相配原则

脖子粗短者,不宜戴多串式项链,而应戴长项链;相反,脖子较瘦细者,可以戴多串式项链,以缩短脖子长度。宽脸、圆脸型和戴眼镜的女士,少戴或不戴大耳环和圆形耳环。

5.年龄吻合原则

年轻女士可以戴一些夸张的无多大价值的工艺饰品;相反,年纪较大的妇女应戴一些较贵重的比较精致的饰品,这样显得庄重、高雅。

6.色彩原则

戴饰品时,应力求同色,若同时佩戴两件或两件以上饰品,应使色彩一致或与主色调一致,千万不要打扮得色彩斑斓,像棵“圣诞树”。

7.简洁原则

戴饰品的一个最简单原则就是少而精,忌讳把全部家当全往身上戴,整个儿就像个饰品推销商,除了给人以俗气平庸的感觉外,没有任何美感。

因此,佩戴饰品时,应根据以上几个原则,选择出一件或二件最适合的饰品,以达到画龙点睛之效。由于服饰是一个整体,服装与服装、服装与饰物、饰物与饰物三者之间在款式、材料和色泽上的成功配套是服饰美化成功的基础。各种装饰用品与发型、脸型、肤色、年龄、环境的协调,将会取得更加良好的着装效果。佩戴饰物应力求完整,主体突出;若同时佩戴过多的饰物,不仅不会带来美感,反而会使人感觉杂乱无章。应根据不同的季节选用不同的装饰用品。春秋季可选戴耳环、别针;夏季可选择项链和手链;冬天则不宜选用太多的饰品,因为冬天衣服过多而显得臃肿,饰品过多反而不佳。

一般来说,在较为隆重、正规的场合,选用的饰品都应当档次高一些。如果用于公共场合,则不应过于鲜艳新潮,应精致而传统,以显示信誉。这个原则同样适用于整体服饰的佩戴。在商务场合,色彩鲜艳亮丽、造型新潮夸张的服饰容易给人产生不信任感;保守传统而做工精细的高档次服饰则会给人稳重老练的印象。

女人与饰品

饰品是缠绕在女人颈间、指尖的千世情缘，美丽的女人和惊艳的饰品都是世间尤物。女人用饰品衬托美貌，饰品用女人展现璀璨。

首饰与化妆品都有一个共同点：如选择适当，它们可令你看来更漂亮，增强你的自信心，为你塑造一个你想要的形象。

无论你买什么饰物，不要忘记它应该能为你的外貌加添光彩，镜中的你在戴上珠宝后，应该对自己的容貌感到更加骄傲和充满自信。

但是要考虑，你会戴它上班，还是赴隆重的晚宴？你会在什么场合佩戴？首饰的颜色与你的肤色合衬吗？什么形状的珠宝可以使你的轮廓看来更可人？

在适当的场合佩戴适当珠宝是佩戴技巧的重要一环。赴日间宴会、开行政会议等场合，首饰宜清雅大方，不要给人庸俗的感觉。太耀眼或太多的首饰，可能会弄巧反拙。晚宴舞会的饰物，当然可以夸张些，但都要与你的衣服合衬。如果选择适当，可以令你沉得神采飞扬，又开心又漂亮。

饰品佩戴技巧：

脸是身体的主要部分，也是人们注意力的集中点；首饰的原理也非常简单。脸型与首饰的形状一定要配合。要配合脸型，须注意线条的方向：横线令人有阔及短的感觉，直线增强高度及给人瘦的感觉，斜线也有增强高及瘦的作用。

重复式的珠宝

有强调的作用，所以不想强调面部的弱点，勿佩戴重复式的首饰。例如脸型肥的，不宜戴很多个圈子的圆形耳环。

高度及身型比例

首饰与你的高度及身型应有一个正确的比例。所谓正确，是常人习惯及喜爱的比例，是恰到好处，不太小或太大的比例。

脸型的分类：

尖形

又可以叫心形，即上阔下窄的面形。可以选择加强面下部阔度的饰物，如三角形（佩戴时尖角向上）、圆圈子、圆边的耳环。长及窄的耳环只会令你的脸看来更长更尖。"V"字形的项链重复你面形的尖线条，不宜选用。短的项链及横的条纹可以将你面部太尖的线条柔和。胸针宜放在一边。长而放在正中的胸针只会令面形看来太尖太多角。

方形脸

很少人的脸是四方形的,通常都是有长形带方的腮部。圆、椭圆、吊坠的耳环都可以帮助减少"方角"的感觉;"V"字形的颈链加上吊坠、中至长的颈链都可以令脸看来比较修长。胸针宜放在颈部正中,做成另一个"V"字的线条。

圆形脸

若是珠圆玉润的面孔,宜选择有直线条的首饰。椭圆形、吊坠形的耳环较为适合。圆形、圆圈子令面孔看来更肥更圆。线条明显有角的首饰,可以将颧骨突出,减少满面脂肪的感觉。颈链宜长,例如用中型大小的珍珠造成的长颈链,可以令你的面形看来长一些;你也可以试在颈链的下面加上吊坠或打一个结,效果可能更佳。胸针宜夹在正中,会有增强面部长度的作用,因它会使人们视线由上至下地直看,减少横线的阔感觉。

椭圆形脸

如果你有一张椭圆形的面孔,真要恭喜你了。这种面形是最完美的,什么形状的耳环、颈链都会合适,唯一要注意的是它与你身材的比例。如你的面形是椭圆形,但稍嫌太长的,圆形的或圈状的耳环都可以使你的面形给人阔一点的感觉,也可以尝试用短的项链(14 至 16 吋)来达到效果。

颈

颈的长短粗细,与首饰的配搭也有研究。如果你的颈又细又长,你便需要选择一些有横纹、较粗的短颈链。肥而短的颈宜戴长颈链或"V"字形的,会让你看来漂亮些。直线条带领观察者的眼睛由上往下望,增加修长的感觉。

颈部的皱纹,可以出卖你年龄的秘密。如颈部纹过多,可试选择较长的颈链,将人们的注意力从颈部移往别处。

耳垂(耳珠)

如嫌耳垂的肌肉太长或太细小,可以用圆褛形或几何线条的耳环来将耳垂掩盖。

眼睛

如你是戴眼镜的人,最好选择细小、贴近耳垂的耳环。大或吊坠的耳环可能会和眼镜互相争夺人的注意力,也有给人"戴得太多"的感觉。

除了以上选择首饰的要点,还有一点是最重要的:勿忘在镜子中多看自己几次,也尝试用不同角度、不同的镜子(如面镜、全身镜)观察你戴上的首饰是否和谐,令你益发漂亮动人。如果首饰与你的发型、化妆、衣服、颜色、场合、面型都协调的话,你可以沾沾自喜地多看自己一眼,充满信心地享受首饰给你带来的乐趣与美!

饰品搭配的艺术

饰品搭配看服装

饰品的搭配离不开服装,在装扮时,一定要根据服装原有状态进行饰品的选择和搭配。

1.服装本身可以分为裸装和带有本衣饰品的服装。裸装是指衣服上没有图案,色彩单一不抢眼,设计简洁,面料普通平滑的服装。带有本衣饰品的服装是指那些由于服装的款型、色彩、图案或者材质,形成饰品效果的服装。

2.饰品包括鞋、包、首饰、手表、眼镜、丝巾、腰带、手套、胸花、袖扣、领带、领结、袋巾、帽子等等,大体可以分为贴衣饰品和旁衣饰品两类,贴衣饰品是指饰品在佩戴时与服装产生层叠效果的饰品,旁衣饰品是指饰品在佩戴时只会与肌肤产生层叠效果的饰品。那么饰品搭配的原则就是确保一个主题,采用对比或衬托的搭配方法。对比的效果非常醒目和前卫,而衬托的效果比较协调和低调。

3.裸装时最好搭配饰品,可以搭配任何饰品,贴衣饰品或旁衣饰品,能让整身装扮更有动感,让服装显得更有品质感,让穿着的人显得更年轻,更有活力。只是在搭配饰品之前先要确定自己穿着的到底是不是裸装。

4.当穿着带有本衣饰品的服装时,最好搭配旁衣饰品或者不加饰品。因为带有本衣饰品的服装由于本身款型具有很强的设计感,或者色彩图案很醒目,又或者服装的材质很特别,镂空或者反光,这时若添加贴衣饰品,则很容易破坏服装原有的设计,遮掩服装原有的美感,给人杂乱的感觉,体现不出服装的味道。

5.穿职业装时最宜佩戴珍珠或做工精良的黄金白金首饰,穿晚装时可戴宝石或钻石首饰,穿休闲装时戴个性化或民族风格的首饰。颈饰最配的服装是 V 字领的,其次是比较大的圆领,然后是合身的高领。

饰品的佩带应结合自身的气质

1.肤色红艳的人,可选用浅绿、墨绿等色的珠宝首饰,以衬托出活力。但不宜饰用大红、大紫或鲜蓝色的宝石,以免将脸色衬得发紫。

2.黑肤色的人不宜佩戴白色或粉红色宝石,以免对比强烈,而使皮肤显得更黑。但饰用茶晶、黄玉等中间色调的宝石,可起到淡化皮肤的良好作用。

3.肤色较白的人,可选择带宝石的金属首饰、珠首饰以及贝类雕刻首饰,这些首饰与洁白的肤色相配,有文静秀美之感。但若肤色过白,则不宜戴钻石首饰、水晶首饰,这会使肤色更显苍白。

4.肤色略黄的人,选择白金首饰、白银首饰、象牙首饰是很恰当的,它们能增添使用者的优雅姿色;其它若选择绿色宝石的首饰,或者彩球首饰,也很有气质。但尽量不要选择红色或黄色的珠宝首饰,这会使肤色更趋深暗,从而失去韵味。

5.肤色蜡黄的人,宜选择红色橙色一类的首饰,用热烈的色彩来增进佩戴者的血气,以减少容易出现的病态感。

饰品的款式应结合自身的气质及服装风格

1.优雅型首饰:富于曲线美,有易碎感,如小花排列的手链、精雕细刻的戒指等等,适合线条圆润、气质优柔文雅、极富女人味的人。优雅风格的人可用有飘逸感的轻质面料的裙装来搭配透明、娇贵的仿真首饰。

2.古典型首饰:正统、精致、高贵,适合面部端正、气质高雅的都市女性型的人。紧贴颈部的珍珠项链、一分硬币大小的扣式耳环等都能与古典型的质地高档、直线裁剪的服装相配,完全可以体现出传统的闺秀风范。

3.自然型首饰:粗犷、自然,多用树叶等形状做别针、坠子造型,适合身材高挑、具运动员风格的人。自然风格人的装扮应力求线条简捷,质朴大方、不留豪华设计痕迹。整体风格闲适、潇洒。

4.戏剧型首饰:大胆、夸张、有个性,适合身材高大、脸部棱角明显、走到哪儿都引人注目的人。戏剧型人的着装及配饰设计应有强烈的时代感和时尚感,适合大胆造型的耳环、成串的手镯、宽大的戒指等装饰型饰品。通身忌平凡。

5.前卫型首饰:造型小巧、新奇、别出心裁,极具个性,适合小巧玲珑、活泼好动、有俏皮少女或男孩儿气质的人。前卫风格的人可用奇特质地的面料做超短设计打扮自己,定能独树一帜。

6.浪漫型首饰:多采用蝴蝶结、花瓣、花心型造型,线条流畅柔美。适合身材适中、圆润、性感、有着洋娃娃般迷人双眼的人。浪漫风格的人最好穿紧身、性感设计的服装,多用大波纹的蕾丝做装饰,配上花型设计的耳环,细细的,有漂亮坠子的项链,浑身溢发出浪漫气息。

常用饰品搭配技巧

项链

项链要与脸型、颈型相搭配。椭圆形脸的女人在首饰的佩戴上,几乎各种款式都能与之相配,同样,各种款式的项链也都适合于椭圆形脸的人佩戴。而如果是长椭圆形脸,则可以考虑用短的项链来协调。虽然椭圆脸很好搭配饰品,但是容易给人一种好太太的感觉,很娴淑却不够时尚,所以不要再选太过成熟的项链或耳环,如珍珠耳环、小颗钻的项链,会有一种老派的作风。

圆脸

圆脸的女人不要戴贴颈式的,或是链子太粗跟太复杂的,如项圈或者由圆珠串成的粗大项链,这样会给人一种很紧的感觉。同时要避免选用圆型、扇形的项链,这样会显得脸更圆。

为了塑造出脸部长度增加、宽度减少的视觉效果,圆脸型的 MM 应选择长型的项链,利用长项链的 V 字形效果装饰,拉长脸部线条。最佳的长度是在锁骨到胸部中间,项链长度至少要超过 16 吋/53 公分(一般银链长度),可以让妳的颈部线条更美。想让脸有增长、变窄的效果,坠子要选如长方形、或水滴形,能让丰腴的脸部线条柔中带刚。同时吊坠的延长感会使视线下移,为颈部带来纵深拉长的感觉,展现女人温柔中的清纯与典雅。

方脸

方脸的女人要选择形状圆滑的坠饰,如水滴型、椭圆型、或长弧形的项链,能缓和脸部的角度。材质上可以选择柔点一点的,像是珍珠项链、缎带项链等,可以柔软过于阳刚的脸部线条。项链要长于锁骨,也能利用长短混搭,例如一串长及胸的珠珠串链,加上一个点缀在锁骨间的金属坠饰,就会形成一种优美的比例搭配。

脖子较短

脖子较短的人，项链长度选择在锁骨以下，胸部的中间以下位置会很好看。为了避免重复脸形，不要配戴方形、三角形、或五角形等棱角锐利形状，材质跟颜色也不要选择过冷的钢饰或银饰，温和的黄 K 金跟玫瑰金是不错的选择。

倒三角

倒三角脸型的女人很适合佩带短链、项圈等任何佩戴起来能够产生"圆形效果"的项链，尤其是有圆形珠子的，更能够产生"圆效果"的感觉，可以增加瓜子脸美人下巴的分量，让脸部线条看起来比较圆润、丰满。横条纹的链坠能平衡尖下巴，让脸部线条看起来比较柔和圆润。要避免配戴角度十分明显的首饰，如正三角形、六角形的项链。

长脸

长脸的女人可佩戴圆形、横向设计的首饰，它们弧线优美的特色，能够巧妙地增加脸部线条。另外，长脸人比较适合佩戴具有"圆润效果"的项链，像传统的珍珠、宝石串珠式的项链就是比较理想的选择。项链的长度避免超过 16 吋/53 公分，到锁骨间是最好的距离。双层式、三层式的项链也比较适合长脸型的人。

菱形脸

菱型脸的女人最适合的就是简单却亮眼的饰品，例如长形的单钻项链。因为颧骨过高已经很抢戏，如果再戴太复杂的东西，会看起来非常混乱。因此，可以选择质感好的贵金属饰品，点缀以一些闪亮小钻，烘托整个气质。可以把握一长一短原则，例如耳环长、项链坠就小，反之亦然。对大饰品搭配不好，容易有很重的风尘味。也要避免菱形、心形、倒三角形等形状明显的坠饰，花样面积不要大，链子不要长，才能让脸型变得比较细致。颈部短者要选择稍细长的项链或珠子是从大到小逐渐而上的塔形项链，这样在视觉上能增加颈部的长度，切忌佩戴较粗的项链。

颈项细长

颈部细长的，可戴贴颈的短项链，尤其以彩色大珠链最适宜。甚至可以用好几条缠绕在一起，营造丰富而具层次的美感。脸部清瘦且颈部细长的女性，戴单串短项链，脸部就不会显得太瘦，颈部也不会显得太长了。脸圆而颈部粗短的女性，最好戴细长的项链，如果项链中间有一个显眼的大型吊坠，效果会更好。颈部漂亮的女性可以戴一条有坠的短项链,突出颈部的美丽。就项链的选择而言,价格并不是主要的因素,不管是什么样的款式,与年龄、肤色、服装的搭配协调才是主要的。一般来说,上了年纪的人以选择质地上乘、工艺精细的金、白金的项链为好;而青年人应选用质地颜色好、款式新的项链为佳。

耳环与脸型的搭配

椭圆形脸

椭圆形脸的女人款式选择范围最大,爱怎么着就怎么着,看看浪漫满屋里宋慧乔漂亮的耳环就知道了,耳环长度最好到下巴,能让妳丰腴的脸部线条柔中带刚,最推荐流苏长形钻石耳环,但是如果想让自己更时尚些,则建设不要选择珍珠耳环等太过成熟的饰品,以免显得老派。

圆形脸

圆脸的女人耳环选择长方形、鞭形、链节形、水滴形、"之"字形、叶片形等结构修长的垂吊式耳环,长度大约在 2~3cm 之间最好,有平衡圆脸效果。不要戴大片式、或贴耳的耳环,更别戴韩国流行的大大圆耳环,会让你的脸圆成一片。

方形脸

方形脸的女人宜选择形状圆滑的耳饰,如水滴型、椭圆型、长椭圆形、弦月形、新叶形、单片花瓣形、鸡心形、螺旋形、或长弧形等的耳环就很适合。尽量避免耳钉,因为耳钉一般只有脸型很好的美眉才戴得合适的,其他有缺陷的脸型要尽量避免耳钉,因为它不仅对缺陷无法弥补,还会强化凸现缺陷。也不要佩戴方形或者三角形、五角形等的线条硬朗的首饰,加剧脸部的棱角感。

倒三角形脸

倒三角脸型的女人应避免任何能使颧骨部分变大的耳环。贴耳式的耳钉便是最不宜的,丝线半长垂的耳坠也不理想,上面有装饰而下面长丝条垂下的等于把自己的脸型缺陷复制到耳环上,容易给人强化倒三角轮廓。宜选择"上窄下宽"的耳环、坠子,如水滴形、葫芦形、以及角度不是非常锐利的正三角形、椭圆及钮釦型的饰品,可平衡太瘦的下巴,让脸部线条看起来更圆满,有坠子的耳环,长度不要刚好停在下巴的位子,因为这样更容易让人把视线集中在消瘦的下巴,更长或更短都可以。

长形脸

长脸的女人因为脸型过长,宜选择圆润或饱满的饰品,增加耳朵或颈间的

144

分量。像是贴耳式的大宝石耳环、颜色丰富的復古耳环,都会让长脸人看起来更是高贵。但要避别戴摇摆的长形耳坠,因为它们会让你的脸看起来更长。

菱形脸

菱型脸的女人适合水滴形、圆形等设计的耳饰。要避免菱形、心形、倒三角形、惊叹号形的耳饰,否则会让下巴显得更尖、更细或有棱有角。

戴眼镜的女性不宜戴大型悬吊式耳环,贴耳式耳环会令她们更加文雅漂亮。

耳环与肤色的配合不容忽视

肤色较白的人,可选用颜色鲜艳一些的耳环。若肤色为古铜色,则可选用颜色较淡的耳环。如果肤色较黑,选戴银色耳环效果最佳。若肤色较黄,以古铜色或银色的耳环为好。

耳环的佩带要与发型协调

高挽起的发型,佩戴长而有坠的耳坠会显得高贵典雅,女人味十足。发型不对称或者头发一方有醒目装饰如头巾,可以在发型偏重的另一侧戴一只大耳环,能起平衡作用,独到而别有风韵。

长发飘飘的美眉,佩戴狭长而简洁温柔的耳坠会显得漂亮而醒目而圆润的质地和鲜艳的颜色在发丝的隐约遮掩下也自有美感。

短发美眉,尽量避免耳饰与发尾端同长,佩带长长耳坠又易有浓艳之感,不妨选择精致的耳钉吧。

如果梳古典的发髻,最好搭配长垂的耳坠,古典而漂亮。

卷发的美眉可以选戴充满女人味的耳环,与卷发一起辉动魅力无穷。如果卷发本身已经够迷乱,也可以只戴一颗精致的耳钉。

耳环与身材

身材高瘦的美眉,佩戴有丰满感的耳坠或大耳环,魅力很凸现。

身材矮小的美眉,如佩戴贴耳式点形小耳饰,会显得优雅、秀气、玲珑。蝴蝶形、椭圆形、心形、圆珠形的耳环,都是好选择。尽量避免有长坠子的耳饰,那样会使观者视线下沉,愈发觉得你矮小;胖美眉最好别再选用圆润的圆滚滚之类的珍珠耳钉,而应该用稍微有拉长效果的耳坠,但长度也要适中,不要太长。2~3cm 之间最好。

耳环最好跟全身的饰品配套,如果无法买全套的,则需要巧妙加以搭配;

而无论如何至少要跟项链呼应。耳环如果能跟服装颜色稍微呼应，可以显得匠心独运。

手镯与手链

手镯与手链是一种套在手腕上的环形装饰品，它在一定程度上，可以使女性纤细的手臂与手指显得更加美丽。

选戴手镯时应注意，如果只戴一个手镯，应戴在左手上；戴两个时可每只手戴一个，也可都戴在左手上，这时不宜戴手表；戴三个时应都戴在左手上，不可一手戴一个，另一手戴两个。手镯套戴，宽宽搭配或者宽窄不一都是不错的搭配原则，但要注意搭配时手镯的颜色和材质，尽量选择颜色一致、材质类似的配在一起。手链一般只戴一条。如果要手镯跟手链一起带的话，手链带左手，手镯带右手。

丰润圆满的臂腕，适合宽而松的一些镯子，细而紧的镯子会使臂腕显得更加粗大。臂腕较细的应选择较窄一些的镯子，过宽的镯子会使细臂更"可怜"。

戒指

戒指应与指形相搭配

手指短小，应选用镶有单粒宝石的戒指。如橄榄形、梨形和椭圆形的戒指，指环不宜过宽，选择窄边的即可，这样才能使手指看来较为修长。

手指短而扁平，宜戴上蛋形、菱形、长形戒指面，会增加其手指的细长感。手指纤细，宜配宽阔的戒指，如长方形的单粒宝石，会使玉指显得更加纤细圆润。

手指丰满且指甲较长，可选取用圆形、梨形及心形的宝石戒指，也可选用大胆创新的几何图形。

戒指也应与体形肤色相搭配。

身体苗条、皮肤细腻者，宜戴嵌有深色宝石、戒指圈较窄的戒指。

身材偏胖、皮肤偏黑者，宜戴嵌有透明度好的浅色宝石、戒指圈宽的戒指。骨节硬朗的人不适合戴线条柔和的戒指。

胸针

胸针是不可或缺的配饰，无论是艳丽的花朵襟针或是细闪烁的彩石胸针，只要花点心思配上简洁服饰，就足以令人一见难忘。

胸针虽小，但只要佩戴位置适当，可增加身体修长感。

体型瘦小者不可去佩戴那些大而光彩夺目的胸饰和挂件。

身材高大的人,宜配花式比较复杂、较大的胸针,如镂雕空花系列。

圆脸的女人,宜选择有直线条的胸针,借以形成上下伸展的感觉,减少满面脂肪的感觉,使脸显得俏俊。圆形尤其是圆圈子使面孔更肥更圆。胸针宜夹在下面正中,也会有增强面部长度的作用。

方脸的女人胸针可放在颈部正中,做成另一个"V"字的线条。

倒三角型脸的女人可以选择加强下面宽度感的胸针。且胸针应别在一边。如果长胸针放在正中间只会令你的脸型看起来尖而多角。

最传统的扣法是将胸针扣在外套的翻领上,过这个季节里,花卉胸针将可以戴在任何地方, 在外套的口袋甚至是牛仔裤的口袋上扣上胸针也会令人耳目一新。一枚别致的胸针扣在帽子上,同样也能营造鲜明的效果,让你更显优雅高贵气质,不落俗套。

当然,在穿正装时,可以选择大一些的胸针,材料也要好一些的,色彩要纯正。穿衬衫或薄羊毛衫时,可以佩戴款式新颖别致、小巧玲珑的胸针。

随着正统服饰潮流的回归,突出颈部的装饰反倒显得有些多余,因为在流行规则中,当领口设计得很时尚时,颈饰就会成为累赘。可是如果将小小的水晶胸针别在翻领的一角, 素雅的上衣便从基本款晋升到具有时尚的风范了。再加上人们佩戴珠宝的技巧已日渐进步, 当胸针佩戴于颈部的一侧或是肩头时,就成为女性身上最精致艳丽的点缀。

饰品可以为女人的魅力再提升一个档次,就让我们尽情绽放女人的"叮当环佩"美吧!

职业装:白领女性的经典款装

职业装又称工作服,是为工作需要而特制的服装。职业装设计时需根据客户的要求,结合职业特征、团队文化、年龄结构、体型特征、穿着习惯等,从服装的色彩、面料、款式、造型、搭配等多方面考虑,提供最佳设计方案,为顾客打造富于内涵及品位的全新职业形象。

在处处将就时尚与魅力的当今社会，职业装的搭配也不再是以往的单调搭配，而是彰显出了另一种服装艺术美，那么，如何才能让身为职业女性的你变得魅力十足呢？

职业装搭配全攻略

攻略之一：庄重大方型——衬衫与套装搭配

职业女性的着装外形正变得飘逸软柔，渐渐走出"女强人"的模式。衬衫款式以简单为宜，与套装配衬，可以选择白色、淡粉色、格子、线条等变化款的衬衫。着装整体色彩上，可以考虑灰色、深蓝、黑色、米色等较沉稳的色系，给人留下干练朝气、充满亲和力与感染力的印象。此外，也可选择白色。考虑到职业女性一天近 8 小时面对公众，必须始终保持衣服形态整洁的缘故。因而，应当尽量选用那些经过处理、不易起皱的丝、棉、麻以及水洗丝等面料。

适合服务行业、客服、销售等职业的女性。

攻略之二：成熟含蓄型——西服西裤、连衣裙

许多职业女性着装的原则是专业形象第一，女性气质其次，在专业及女性两种角色里取得平衡。

不同质地和剪裁的西服西裤，能穿出不同的感觉。总的来说，西服和西裤的搭配，显得成熟稳重，帅气潇洒，自由豪迈。连衣裙适合身材窈窕的女性。常见的连衣裙款式类似套裙，长度或长或短，没有太多的限制。露肩的黑色连衣裙，长度及踝，流畅而华丽的线条，令身体的美得到充分的展示。神秘的黑色适合成熟含蓄的女性。这样的服装可以出现的场合比较多。

优雅利落的套装，给人的印象是井然有序。至于颜色，当然还是以白、黑、褐、海蓝、灰色等基本色为主。若嫌色彩过于单调，不妨扎条领巾或在套装内穿件亮眼质轻的上衣。

适合从事保险、证券、律师、公司主管、公共事业和政府机关公务员等工作的职业女性。

攻略之三：素雅端庄型——款式与面料的选择

职业女性的穿着除了因地制宜、符合身份、清洁、舒适外，还须记住以不影响工作效率为原则，才能适当地展现女性的气质与风度。例如女性的衣着如太暴露，容易让男同事不知所措，自己则要时常瞻前顾后，如此会影响自己的工作效率。

因此,职业女性的上班服应注重配合流行但不损及专业形象。原则是"在流行中略带保守",是保守中的流行。太薄或太轻的衣料,会有不踏实、不庄重之感。衣服样式宜素雅,花色衣服则应挑选规则的图案或花纹如格子、条纹、人字形纹等。

适合从事科研、银行、商业、贸易、医药和房地产等工作的职业女性。

攻略之四:简约休闲型

许多职业女性的着装是简单中的优雅,舒适中的休闲,但简单的服饰可造就不简单的女人。白色或者深蓝色细格的棉质衬衫,修身的设计,半透明的质感,内衬白色吊带背心,简约和性感混合在一起。穿这样的衣服,令你在单位人气大增。

适合从事新闻、广告、平面设计、动画制作和形象造形等工作的职业女性。

攻略之五:清纯秀丽型

虽然办公室里不需要风情万种,但女人聪明的天性以及对美丽的极度敏感,使她们能够轻而易举地将流行元素融进枯燥沉闷的上班服饰中。时尚无需复杂,一双华丽斑斓的凉鞋、一只绣有花朵的书包,都可成为将职业装穿出流行感觉的点睛之作,职业形象也能带出甜蜜的感觉。

适合网络、计算机、公关、记者、娱乐等工作的职业女性。

职业装这样穿更完美

现在的工作服因其简约与富于知性美而成为职场着装的常青色。与白色相比,工作服多了几分暖意与典雅,不事夸张;与黑色相比,工作服纯洁柔和,不过于凝重。在追求简单抛却繁复的时尚潮流中,工作服以其纯净典雅气息与严谨的现代职场氛围相吻合。要将任何一种颜色穿出最佳效果,都要讲究搭配,工作服也不例外。如加适量的配饰等。

恰到好处地运用色彩的两种观感,不但可以修正、掩饰身材的不足,而且能强调突出你的优点。如对于上轻下重的形体,宜选用深色轻软的面料做成裙或裤,以此来削弱下肢的粗壮。身材高大丰满的女性,在选择搭配外衣时,亦适合用深色。这条规律对大多数人适用,除非你身体完美无缺,不需要以此来遮掩什么。

对比色搭配

1.强烈色配合

指两个相隔较远的颜色相配,如:黄色与紫色,红色与青绿色,这种配色比较强烈。日常生活中,我们常看到的是黑、白、灰与其他颜色的搭配。黑、白、灰为无色系,所以,无论它们与哪种颜色搭配,都不会出现大的问题。一般来说,如果同一个色与白色搭配时,会显得明亮;与黑色搭配时就显得昏暗。因此在进行服饰色彩搭配时应先衡量一下,你是为了突出哪个部分的衣饰。不要把沉着色彩,例如:深褐色、深紫色与黑色搭配,这样会和黑色呈现"抢色"的后果,令整套工作服没有重点,而且工作服的整体表现也会显得很沉重、昏暗无色。黑色与黄色是最亮眼的搭配红色和黑色的搭配,非常之隆重,但是却不失韵味。

2.补色配合

指两个相对的颜色的配合,如:红与绿,青与橙,黑与白等,补色相配能形成鲜明的对比,有时会收到较好的效果。黑白搭配是永远的经典。

协调色搭配其中又可以分为:同类色搭配原则指深浅、明暗不同的两种同一类颜色相配,比如青配天蓝、墨绿配浅绿、咖啡配工作服,深红配浅红等,同类色配合的工作服显得柔和文雅。粉红色系的的搭配,让整个人看上去柔和很多;近似色相配指两个比较接近的颜色相配,如红色与橙红或紫红相配、黄色与草绿色或橙黄色相配等不是每个人穿绿色都能穿得好看的,绿色和嫩黄的搭配,给人一种很春天的感觉,整体感觉非常素雅,静止间淑女味道不经意就流露出来。

职业女装的色彩搭配:职业女性穿着职业女装活动的场所是办公室,低彩度可使工作其中的人专心致志,平心静气地处理各种问题,营造沉静的气氛。职业女装穿着的环境多在室内、有限的空间里,人们总希望获得更多的私人空间,穿着低纯度的色彩会增加人与人之间的距离,减少拥挤感。纯度低的颜色更容易与其他颜色相互协调,这使得人与人之间增加了和谐亲切之感,从而有助于形成协同合作的格局。另外,可以利用低纯度色彩易于搭配的特点,将有限的衣物搭配出丰富的组合。同时,低纯度给人以谦逊、宽容、成熟感,借用这种色彩语言,职业女性更易受到他人的重视和信赖。

白色的搭配原则

白色可与任何颜色搭配,但要搭配得巧妙,也需费一番心思。白色下装配带条纹的淡黄色上衣,是柔和色的最佳组合;下身着象牙白长裤,上身穿淡紫色工作服,配以纯白色衬衣,不失为一种成功的配色,可充分显示自我个性;象牙白长裤与淡色休闲衫配穿,也是一种成功的组合;白色褶折裙配淡粉红色毛衣,给人以温柔飘逸的感觉。红白搭配是大胆的结合。上身着白色休闲衫,下身穿红色窄裙,显得热情潇洒。在强烈对比下,白色的分量越重,看起来越柔和。

蓝色的搭配原则

在所有颜色中,蓝色工作服最容易与其他颜色搭配。不管是近似于黑色的蓝色,还是深蓝色,都比较容易搭配,而且,蓝色具有紧缩身材的效果,极富魅力。生动的蓝色搭配红色,使人显得妖媚、俏丽,但应注意蓝红比例适当。近似黑色的蓝色合体外套,配白衬衣,再系上领结,出席一些正式场合,会使人显得神秘且不失浪漫。曲线鲜明的蓝色外套和及膝的蓝色裙子搭配,再以白衬衣、白袜子、白鞋点缀,会透出一种轻盈的妖媚气息。上身穿蓝色外套和蓝色背心,下身配细条纹灰色长裤,呈现出一派素雅的风格。因为,流行的细条纹可柔和蓝灰之间的强烈对比,增添优雅的气质。蓝色外套配灰色褶裙,是一种略带保守的组合,但这种组合再配以葡萄酒色工作服和花格袜,显露出一种自我个性,从而变得明快起来。蓝色与淡紫色捂配,给人一种微妙的感觉。蓝色长裙配白工作服是一种非常普通的打扮。如能穿上一件高雅的淡紫色的小外套,便会平添几分成熟都市味儿。上身穿淡紫色毛衣,下身配深蓝色窄裙,即使没有花俏的图案,也可在自然之中流露出成熟的韵味儿。

褐色搭配原则

与白色搭配,给人一种清纯的感觉。金褐色及膝圆裙与大领工作服搭配,可体现短裙的魅力,增添优雅气息。选用保守素雅的栗子色面料做外套,配以红色毛衣、红色围巾,鲜明生动,俏丽无比。褐色毛衣配褐色格子长裤,可体现雅致和成熟。褐色厚毛衣配褐色棉布裙,通过二者的质感差异,表现出穿着者的特有个性。

黑色的搭配原则

黑色是个百搭百配的色彩，无论与什么色彩放在一起，都会别有一番风情，和工作服搭配也不例外！眼下，双休日逛街时，上衣可以还是夏季的那件黑色的印花 T 恤，下装就换上工作服的纯棉含莱卡的及膝 A 字裙，脚上穿着白地彩色条纹的平底休闲鞋子，整个人看起来格外舒适，还充满着阳光的气息。其实，不穿裙子也可以，换上一条工作服纯棉的休闲裤，最好是低腰微喇叭的裤型，脚上还是那双休闲鞋，依然前卫，青春逼人。

工作服搭配原则

用工作服穿出一丝严谨的味道来，也不难。一件浅工作服的高领短袖毛衫，配上一条黑色的精致西裤，穿上闪着光泽的黑色的尖头中跟鞋子，将一位职业女性的专业感觉烘托得恰到好处。如果想要一种干练、强势的感觉，那就选择一套黑色条纹的精致工作服套裙，配上一款工作服的高档手袋，既有主管风范又不失女性优雅。

许多女性朋友都喜欢看韩剧，剧中美眉们穿的充满都市感的时装，要比简单而雷同的剧情及缓慢的剧情节奏精彩百倍。看的多了，多少能总结出一些韩国美眉们穿衣打扮的特点：含蓄而优雅，明朗却不耀眼。在或柔媚或热烈的色彩中，工作服是时尚美眉们常用的色彩。浅色调工作服和艳丽的色彩有前进感和扩张感，深色调工作服和灰暗的色彩有后退感和收缩感。

礼服：高贵里的别样风情

礼服起源于中国，传统的中式婚礼总是以红色为主，热烈红火，看着就让人觉得喜夫；相反，传统的西式婚礼的礼服却以白色婚纱和黑色礼服为主。礼服，是指在某些重大场合上参与者所穿着的庄重而且正式的服装。根据场合的不同，可以分作军礼服、晚礼服等。

礼服分类

晚礼服

产生于西方社交活动中,在晚间正式聚会、仪式、典礼上穿着的礼仪用服装。裙长长及脚背,面料追求飘逸、垂感好,颜色以黑色最为隆重。晚礼服风格各异,西式长礼服袒胸露背,呈现女性风韵。中式晚礼服高贵典雅,塑造特有的东方风韵,还有中西合璧的时尚新款。与晚礼服搭配的服饰适宜选择典雅华贵、夸张的造型,凸显女性特点。

小礼服

是在晚间或日间的鸡尾酒会正式聚会、仪式、典礼上穿着的礼仪用服装。裙长在膝盖上下 5cm,适宜年轻女性穿着。与小礼服搭配的服饰适宜选择简洁、流畅的款式,着重呼应服装所表现的风格。

在各种活动越来越多的情况下,小礼服也越来越走俏,无论是参加婚礼还是私人派对,要选择合适的小礼服。

礼服的搭配法则

洒脱休闲派:自然的美胸效果

运动款抹胸裙将性感和率真完美结合,鲜嫩的粉色分外诱人,打造蜜糖女孩般的可爱,腰间的字母增加活泼个性,让你不得不爱。

抹胸礼服搭配建议:休闲风格的抹胸裙没有太多繁杂的设计,适合胸部比较完美的女性。搭配简单有运动气质的抹胸服装时,华贵感很强的首饰不适合佩带,简洁款式或金属长链都能混搭出运动风或街头风的效果。

旖旎淑女派:花朵让你凹凸有致

稳重的红黑抹胸裙沉稳、大方,加入金色圆点顿时融入摩登气质,让胸部立体感更强,飘动的裙摆塑造动人风姿绰影。

抹胸礼服搭配建议:雪纺或垂顺的缎面材质是淑女派抹胸的要点,一些印花图案的加入能给淑女的你带来流行新气象。花卉和圆点图案的扩张感能瞬间让胸部有了完美的曲线。

惹眼浪漫派:光感面料丰盈视觉

绚丽迷人的大红色打造出明艳动人的气质,宝塔裙不失妩媚风情,是分外抢眼的装扮方法。呈闪光的面料也让骨感的她变身性感女郎。

抹胸礼服搭配建议：女性色系的颜色最能突出浪漫优雅味道,过于沉重的深色服装不适合选择。随意松散的卷发或盘发是最好的搭配哦。选择有光泽感的面料还能让搓衣板顿时充满曲线。

浪漫田园派

田园风碎花拼接抹胸连衣裙,甜美浪漫,挂脖式设计凸显美丽的双肩,胸部的紧密与腰部的松散,使身材比例更趋完美。

抹胸礼服搭配建议：抹胸裙转换成半身长裙,搭配白色 T 恤,优雅的雪纺材质混合了棉质的俏皮可爱,非常适合年轻的女性,你可以恣意享受裙脚飘扬的清爽又不必在乎恼人的肚腩。

裙套装礼服

职业女性在职业场合出席庆典、仪式时穿着的礼仪用服装。裙套装礼服显现的是优雅、端庄、干练的职业女性风采。与短裙套装礼服搭配的服饰体现的是含蓄庄重,以珍珠饰品为首选。

婚礼礼服颜色选择

新娘婚礼礼服颜色主要分为白、金、蓝、绿、红、紫、黑等。不同气质和外形的新娘在选择婚礼礼服的时候应该注意颜色和自身特点的呼应,对于礼服颜色的选择正确的话,会有意想不到的视觉效果哦。现在就来一起看看这些颜色在婚礼新娘礼服中的应用,分别都有什么惊艳的效果。

1.红色系

这里说的红色系婚礼礼服包括红色、粉色、紫色等暖色。现在很多新娘婚礼上都会选择白色来作为婚礼出场的主婚纱,如果是这样,那么敬酒服可以选择暖色系列。红色在中国传统颜色中会体现出女子最热情、挚诚的一面。所有偏红色的,例如粉、紫都如此,属于暖色,所以穿红色的新娘,不仅仅会让红色礼服映红你拿娇羞的面庞,也会温暖宾客的内心。

2.白色系

新娘在婚纱过后一般会钟情于浅色冷色的礼服,比如银色和白色。这样的新娘在宾客的眼里一定是宛若天仙一样的高贵典雅。一般适合选择白色系礼服的新娘一定要白皙,当然皮肤的护理自然就要变成重头戏了。

3.黄色系

黄色金色给人一种华贵的魅力。对于亚洲新娘的皮肤来说,还是建议偏白一点的新娘来选择这种大地色系的礼服，不然会因为黄色的反面引导使得人看上去没有精神。黄色不仅仅会有华贵的美，还会在不同的新娘身上显示出不同的气质，身着设计感很强的黄色金色礼服的新娘会给人时尚俏皮的美，会比较有亲和力。

注意事项

婚礼当天最好换几套结婚礼服

最通常的情况下新娘一场婚礼换3套：证婚仪式1套结婚礼服（婚纱），婚礼节目中换2套结婚礼服（敬酒礼服）。当然，时下很多新娘会在证婚仪式开始前，也另外配一套轻便的结婚礼服，一来可以拍外景、迎宾，二来轻便的结婚礼服行动起来比较方便。因此，3~4套是全天换装套数。婚礼开始后，换装套数尽量不要超过3套，因为换装每次通常起码会花20分钟左右的时间，3套装就要1小时，让来宾等待时间过长也是十分不礼貌的事情。

如何选择适合自己的结婚礼服内衣

在婚礼上无论你是穿着保守的还是时尚的结婚礼服，它们都会束紧你的胸部，以突出你的曲线。如若是低胸效果的婚纱，对于胸部本不很大的女孩子来说，都会令她们的缺点暴露。所以内衣与婚纱的配合很重要。

相比普通的内衣，专门的结婚礼服塑身内衣比较适合新娘选购。首先，专业的塑身内衣有矫正身型的作用。其次，专业的塑身内衣有良好的透气度。时下不少品牌都有专门的结婚礼服塑身内衣。

对于胸部不丰满的女孩，较好的选择是穿上具有隆起效果的胸衣，或者也可以在胸衣垫上硅胶垫。或者用长束型胸围，长束型胸围是一种标准的胸围，罩杯下端能把腹部、背部赘肉及多余的脂肪集中往胸部。另外无肩带长束型胸围，有调整腹部、腰部赘肉的作用，能表现曲线，多用来搭配性感婚纱，使胸部线条更完美。

此外，如果婚纱质料较薄，内衣的罩杯应选择无缝平滑的质料，以免内衣花纹透现；若选择大领长袖的婚纱宜配较坚挺的1/2罩杯，能突出胸部的线条；下身不必穿太紧的束裤。

什么颜色的鞋子配结婚礼服最好

这是一个很容易被忽略的细节问题。一双好的结婚礼服鞋可以为新娘的整体造型营造和谐度。结婚礼服一般是纯白色的，那么选择白色的结婚礼服鞋肯定不会出错。身材比较矮小的新娘,不妨选择白色坡跟结婚礼服鞋,这样既能"提升海拔",又便于走动。当然,所配结婚礼服长度必须是不露趾的。而身材高挑的新娘选择鞋子的余地就相对比较大了。需要提醒新娘的是:当天最好有2双以上的结婚礼服鞋可供替换,因为换装的时候结婚礼服可能是露趾的,因此款式和颜色需要有不同的要求。比较配搭的颜色是银色,银色的结婚礼服鞋基本上适合任何颜色的结婚礼服。其次是金色,金色的结婚礼服鞋也会是不错的选择。

如何购买属于你的礼服

1.选定佳期

挑选礼服前,你必须确定婚礼的季节、准确时间、地点和风格。礼服要与婚礼的风格协调一致。如果你的婚礼是一个非常时尚的婚礼,可以选择走在潮流前端的婚纱;如果是传统的仪式,选择古典而盛大的礼服一定没错;如果在乡村或花园中举行婚礼,礼服要选择适合在户外穿着的轻快活泼的款式。

2.做足功课

事先搜集一些你喜爱的礼服图片,并做好记号,标出你喜欢的款式和板型,尤其是领口和腰线等细节内容。当你与礼服顾问或设计师交流时,记得带上你的图片,这样可以帮你更加清楚地表达自己的想法和意见。

3.做好预算

礼服及其他配饰上所花的费用,一般占到婚礼费用的6%~15%为宜。如果预算比较宽裕,你可以定制一款最合自己心意的礼服。当然,向婚纱礼服店或影楼租借一套也是不错的办法,可以节省很大一笔开支。

4.选择地点

大型专业婚纱礼服店中的礼服款式齐全,设计师的经验丰富,制作质量也靠得住。当然,也可以听听不久前举办婚礼的朋友、同事的意见,在她们推荐的地点中选择2~3个。

5.确保时间

如果需要定制礼服,最好能够提前一年开始挑选,最短也不要少于9个月,这样时间会比较充裕。因为设计制作一件婚纱大概需要4个月,而且最好能在婚礼前2个月送达你的手中,这样便于细微之处的修改。

6.找个参谋

选礼服时一定要带上一个参谋,可以是你的母亲,也可以是朋友,她应该对你了如指掌,知道什么是最适合你的。你要注意以下两点:第一,要保证她不会把自己的意见强加给你;第二,不能让你的妈妈和好友们同时陪你上街,因为所有的人都会让你试穿她认为最漂亮最适合你的礼服,你会感觉无所适从。一天下来,不仅疲惫不堪,而且可能会一无所获。

7.了解自己

最重要的是,根据体形选择适合自己的款式。第一次去婚纱店的时候,你可以在公主型、蓬裙型、贴身型和王后型这四种最基本的款式中各找一件试穿,很快可以发现自己最适哪种款式。

8.尺码要合适

如果你的礼服不是定制的,选择礼服时,首先要注意满足你身体最丰满的部位的尺寸,比如:胸部、腰或者臀部,然后再看其他部位是否合适。还要注意,选择礼服以稍大一点为宜。如果大了,改小一点很容易,但让一件衣服变大就不太可能了。

9.专家意见

要选择一件最适合自己的礼服,一定要善于倾听礼服顾问和设计师的意见,因为她们有丰富的经验,已经让许许多多的新娘成为婚礼上最耀眼的明星。可能你看中了一款最新样式的礼服,而她则建议你选择细肩带的蓬裙型,或许你对她的意见感到惊讶,但仔细考虑一下你会发现,她建议的礼服才是最适合你的。

10.试穿礼服

你也许选择了一件适合自己的礼服,但却忽视了试穿环节。其实认真试穿礼服非常重要,这样不仅可以确保你在婚礼上光彩照人,而且令你显得优雅得体、感觉舒适自在。注意以下几点:穿戴上头饰、项链和鞋等所有的配饰,看看与你的婚纱是否协调?礼服能否让你行动自如并始终保持好的体态?试试坐下、举臂、弯腰、拥抱和旋转,看看做这些姿势时,会不会出现让你难堪的局面?穿上它是否觉得太热或太冷?裙子的重量如何,长时间的站立会不会让你感到疲惫不堪?裙子的各个部分是否光滑会不会划伤皮肤?等等。

小小方巾：服饰的点睛之笔

伊丽莎白·泰勒曾说："不系丝巾的女人是最没有前途的女人。"奥黛莉·赫本也说："当我戴上丝巾的时候，我从没有那样明确地感受到我是一个美丽的女人。"

或许，这两位绝代佳人的话有些过于绝对，但丝巾所带来的女人味确实是无与伦比的。千变万化的丝巾会让一个女人在不经意间拥有一份更有深度、更与众不同的美丽。

佩戴丝巾分时节

若是居住在长江以北的地区，女人一年四季都可以佩戴丝巾，丝巾的产地以苏杭为最。但在地处南方的柳州，气候炎热，佩戴丝巾的时节有限，尤其是在夏季，大部分女孩都裸露着光洁的脖子，因此，每到夏季来临之时，柳州的丝巾便静悄悄地躲进了衣柜，直到秋风起的时候才又重新面市。

然而，不管什么季节，佩戴丝巾的女子总是格外引人注目，即使是炎热的夏季，也有适合夏季佩戴的丝巾。从外地来柳州出差的杭州美女思思便有这样一条夏季丝巾，真丝的细条丝巾，只一指来宽，碎花的面料看上去很小资，触摸之下并没想像中那么炎热缠身，薄薄地绕在纤细的脖子上，透气且清凉，美丽而性感。走在街上，回头看的男人都想对这样有女人味的女人多看一眼，而女人在回头的同时则在心里琢磨，自己该上哪弄一条这样的丝巾呢？所以，柳州的商家们大可不必回避丝巾夏季的销路，不同季节卖不同款式的丝巾即可。

据说，奥黛莉·赫本的衣柜里有 14 条丝巾，如今随便在大街上找一个柳州女孩，衣柜里的丝巾或许都不止 14 条，但若是比拼佩戴的次数和频率，可能谁都不如赫本对丝巾的钟情，她对丝巾的痴迷几乎是不离不弃，而丝巾也回报给了她所有女人都企盼的万种风情，成为世纪佳人。

不可或缺的心头爱

丝巾和任何一件时装都不一样,它可以千变万化,拥有唯一性。不同的面料有不同的风格,真丝的柔软,化纤的时尚,丝绸的光亮;不同的花色也有不同的感觉,有净色的、花色的、条状的,现在还有根据各种时尚热点元素制作的丝巾,比如手绘画、英伦格子、电影剧照、渐变色等,甚至还可将自己的肖像印在丝巾上;丝巾的时尚还体现在形状上,有方巾、长巾、波浪巾、褶皱巾等;更巧妙的是,丝巾的佩戴方式也有很多种,颈部、腰部、肩部、手腕处,甚至还可以做发饰。只有想不到的,没有做不到的,正因为创意无限,丝巾的无穷魅力才得以体现。

自织丝巾增添女人味

很难用言语来描绘丝巾给女人带来的种种惊喜,它提升的不仅是女人的品味和质感,更重要的是它会在潜移默化中由外而内改变女人的一生,值得任何一个女人一辈子宠爱。

见过最特别最有感觉的一条丝巾,是一个女孩自织的丝巾作品,长长的银白色丝巾,女孩用同色丝线细细缝上印度纱丽那样各种各样的小珠子,整条丝巾立即变得充满风情,特别又不失雅致,清丽又不失端庄,可以做披肩,也可以做纱丽,秋风起的时候,将丝巾轻轻半覆在乌黑的头发上,古典又精致,让人心生一股爱怜。

在可可·香奈儿的自传里,她曾临时扯下一条窗纱做了一条白色丝巾给女秘书去约会,结果女秘书的丝巾惊艳了一条街。虽然每一条丝巾都不会有雷同之处,但若是你肯费些心思装点你的丝巾,你会得到丝巾美丽的回报。

一条丝巾,可以改变一个女人的"味道",女人味是一种说不清道不明的物质,但因为有了这种味道,女人的优雅淡定、从容懂礼、温柔气质等都会被衬托出来,即使你没有惊艳的美貌、过人的聪敏,仍可以凭一条与众不同的丝巾,一笑倾城。

巧用丝巾"系"出曼妙身材

金色的秋天里,没有什么比丝巾更能表达女性的优雅精致与个人风格了。或轻盈飘逸,或雅致时尚的丝巾点缀于肩上、领间和发际,让女性的美丽在不经意间轻轻流露。不论是在办公室、社交场合郊外或海滨,样式丰富的丝巾都是女性的最佳拍档。

看似简单的丝巾,有着很强的表现力,有时甚至超过服装成为整体造型的主角。

高雅紫色——高贵典雅的紫色调是这个秋冬的首选流行色。这个秋冬最热的华丽造型与波希米亚民族风情都离不开紫色调。

浪漫粉彩——夏天虽然过去了,可粉色还是无处不在,热烈的艳粉色属于夏天,而柔和协调的粉彩色继续演绎秋日的浪漫。

自由印花——无拘无束的花朵和图形最符合丝巾轻软妩媚的特质。印花丝巾的材质以光泽感好的丝绸和轻盈的薄纱为佳,色彩华丽、鲜明为首选。

几何图案——经久不衰的条纹和几何图案在这个秋天有了新的面貌,艳丽的波普风格图案点亮沉闷的秋冬装。值得注意的是,条纹的变化扭曲以及同色系色彩的渐变。这类丝巾非常适合搭配本季热门的粗花呢服装。

黑白色条纹——是一款对比性很强烈的丝巾。

糖果色——粉色、橘色等糖果亮色是时尚的主角。深蓝色最能显示出浓浓的复古情怀,再加上印花元素,复古装扮立即升级!

丝巾搭配法则

有时一见钟情的丝巾,不见得适合自己,而乍看之下不起眼的丝巾,可能会让你容光焕发。购买时,除了考虑领巾本身的品质、材质、颜色、印花、尺寸之外,还要留意是否适合搭配自己的身材、服饰、肤色等。

看似普通的必备品由于个性丝巾的加入而与众不同。

1.光泽感极好的宝石蓝色条纹丝巾适合对称的系法,饱满的造型,成熟而时尚。

2.粉色与黑色的搭配从夏季流行至今,缀着珠片的轻柔黑纱巾无疑是整体的亮点。

3.渐变色的超大尺寸方巾是理想的披肩替代品,可以让你在社交场合成为焦点。

4.服装整体没有特色,没关系,嫩绿色的网眼围巾变身为腰带,让你瞬间洋溢轻松和时尚。

5.白色与红色的搭配简洁醒目,拉长的 V 形线条让普通身高的你显得高挑。

6.素色衣服搭配素色丝巾。可采用同色系对比搭配法,如黑色连衣裙配中性色系丝巾,整体感强,但搭配不慎会造成整体色彩黯淡;也可以采用不同色系的对比色搭配法;另外采用相同颜色、不同质感的搭配方式也很协调。

7.素色衣服搭配印花丝巾。最根本的指导原则就是丝巾上至少要有一个颜色和衣服的色彩相同。

8.衣服和丝巾上都有印花时,搭配的花色要有"主"、"副"之分。如果衣服和丝巾都是有方向性的印花,则丝巾的印花应避免和衣服的印花重复出现,同时也要避免和衣服的条纹、格子同方向。简单条纹或格子的衣服比较适合无方向性的印花丝巾。

9.印花衣服搭配素色丝巾。可挑选衣服印花上的某一个颜色为丝巾色。或者,选择衣服上最明显的一个颜色,用这个颜色的对比色去挑选适合的丝巾。两种方法效果都不错。

秋季时尚丝巾搭配

夏天已经离我们而去了,这个诗情画意的秋季已经走进了我们的生活,各种配饰当道,头巾、丝巾、围巾,成为吸睛单品,也能装点出时尚感,下面就为你推荐几款秋季时尚丝巾围巾搭配,搭出浪漫少女情怀。

民族风围巾

民族风围巾很有质感的一条真丝围巾,复古民族风印花元素,尽显出女生优雅大气的感觉,蓝白相接设计,清新好看,透着高贵典雅的气质,简单搭配白色长款 T 恤,干练知性,也很随意。

青花瓷印花丝巾

富有浓烈的诗意,特别适合秋季佩戴,超有干练优雅的气质,清新大气,有种高贵典雅的味道,把丝巾简单的打结,简单随意的系在脖子上,大方时髦。

性感圆点围巾围巾

性感圆点围巾围巾也可以很性感,这并不是豹纹的专利,这款个性圆点绚烂图案围巾也能凸显出女生的小性感,随意地绕在颈上,就透着大方优雅的气质,可见配饰的魅力不可小视哦,搭配一身白色的装扮,更是高端上档次。

个性长丝巾

个性长丝巾骷髅头图案一直都是受到很多女生的喜爱,包包、衣服、发饰等一系列的物品都会有很多的骷髅头的存在，这款长丝巾个性霸气十足，但也透露了一丝优雅清新，尽显高贵气质，很有女人味。就这样将丝巾绕在颈上，垂感十足的面料，从胸前垂下来，很唯美浪漫，搭配连衣裙和高跟鞋，气质爆棚。

丝巾的系法

围巾的利用率还是蛮高的，你不仅可以把它围在脖子上，还可以系在腰间，或者戴在头上，也可以当披肩。神奇的丝巾不同的系法，让你时尚感倍增。

大披肩也是今年日杂上的流行点，将围巾对折成三角形，披于一边肩膀，搭配随意的服装，很有吉普赛的风情。

玫瑰花结

1.将丝巾围在颈上交叉成上长下短。

2.在颈上打一结，长端在上。

3.将长端扭成麻绳状。

4.顺着结头一圈圈缠绕卷出玫瑰花型。将短端自然垂下。

双色球系法

双球结的球的造型极具动感。将注视的焦点转移到上半身。

1.将丝巾折成长条状。

2.将长条状丝巾拧成麻绳状后，再对拧成麻花状，对折处留个圆孔。

3.将巾尾的两端分别系上死结。

4.将两端死结穿过预置的圆孔，调整好即可。

内外结系法

内外结可以为普普通通的衬衫带来不一样的出众感觉。

1.将丝巾平铺。

2.再次对折成长条状。

3.将丝巾围在颈上两端交叉后，翻起衣领。

4.将交叉后的两端分别拉到颈后。

5.颈后处打一平结固定住。

三角形散褶结系法

有一种天生的魔力，会使戴上的人变得更纤细苗条，其关键在于她突出垂下的线条感。

1.将丝巾平铺，将方巾对折成三角形。

2.从顶端开始向下折叠,折成风琴型。

3.将丝巾挂在颈上,将三角形底边位置放在内侧。或按个人喜好放置到正面或侧面。也可以不系结,将其倒放在颈前,颈后两端交叉再绕回,垂在前胸,有一种流动的不规则的美。

卷筒式单耳结系法

此结根据单耳结演变而成,除继承了单耳结活泼感外,还侧重表现出女性颈部的美感。

1.将丝巾平铺,将丝巾的四角向中心对折。

2.底端向上卷起,卷成条状。

3.将其挂在颈上交叉一次,系好。

4.将一端折起,而另一端绕折起的部分一圈后穿出,整理好即可。

水手结系法

简单的水手结会使会使你更显青春与活力,连心境都会改变。

1.将丝巾平铺。

2.把丝巾对着成三角形。

3.底边向上折出一边。

4.将丝巾挂在颈上,折起来的底边放在内侧,两端长度调整到对等。

5.两端交叉打一个平结,调整好位置。

如何妙用手提包

手提包、礼品袋是日常生活中不可缺少的一个组成部分,往往能显示出一个人的品位。手提包对现代女性而言,不仅是完美装扮的句号,更是日常生活的缩影,如果没有包,她们甚至无法神态自若地出门。女人们对手提包的这种迷恋,常常令男人们感到困惑不解。对此,英国心理学家的解释是,手提包就像女人的贴身伴侣,能够带给她们足够的自信。

而心理学家凯瑟琳·伊斯曼则指出,无论时尚风潮如何变幻莫测,每个女性都会偏爱某种类型的手提包,因此,通过观察手提包的细节,我们就可以窥知包主人的性格特征。

喜欢品牌包的女人：偏爱品牌包的女人，生活中多半喜欢精美的物品。她们对手提包的要求很高，尤其钟情于大品牌或价值不菲的手提包。另一方面，也可以说她们崇尚物质主义，习惯用财富来衡量自己的价值和身份，以为只有这样，才能提升自己的地位，获得别人的欣赏。

喜欢仿制包的女人：这类女人对现实有着很清醒的认识，她们知道自己财力不济，却又不甘心落于人后，于是在做人方面，总是制造出一种表面的繁荣，即总想把自己最鲜亮的一面呈现在别人面前，而极力隐藏不尽如人意的一面，或者刻意掩饰自己的负面情绪。

喜欢大包的女人：这类女人大多外刚内柔，希望给人独立的感觉。她们注重实用，手提包大得跟公文包似的，里面装满各种物件，能给别人及时的帮助，因而在人群中很受欢迎。但同时心理学研究也表明，背大包的女性缺乏安全感，而且包越大，里面东西越多，越缺乏安全感。

喜欢小包的女人：这类女人多为完美女性。她们的手提包虽然很小，但却分隔出很多同隔。每次装包时，她们只带有用的东西，并为每件东西都准备了空间，以便将它们放在合适的位置。在日常生活中，她们凡事力求简洁，生性洒脱而充满自信，应变能力较强。

喜欢闪亮包的女人：这类女人大多非常自信，她们在内心里渴望被别人关注，因此，刻意选择色彩艳丽、饰之以珠宝或小金属片的手提包，以此来吸引别人的眼球，获得别人的关注。

喜欢个性包的女人：这类女人大多自我意识比较强，凡事喜欢特立独行，追求与他人截然不同的衣着打扮、思维方式等。在选择随身配饰时，她们倾向于有独特设计或新奇装饰的手提包。

喜欢中性包的女人：喜欢中性颜色和款式手提包的女人，表现欲不是很强，她们不喜欢被人注意，也不希望得罪别人，而是倾向于保持中立的立场，以此来缓解或消除各种压力。生活中，这类女性通常比较通情达理、善解人意，因此，与她们交往让人感觉很舒服。

从来不带包的女人：不喜欢随身带包的女人，常将手机、钱包等零碎东西放在口袋里。这类女性通常比较强势，具有明确的自主意识，渴望自由和独立，极力摆脱束缚，拒绝依赖别人。当然，也有少数女性比较懒惰，觉得带包是一种累赘，所以干脆选择空手出门。

手提包如何选择

可以说对于许多非常爱慕手提包的女士来说，并不是很清楚的知道如何选择质量好的手提包，要知道手提包除了样式符合自己的心意外，它的质量也是需要着重的挑选,如何来选购质量好的女士手提包呢？

1.看手提包的外观形状

挑选手提包的第一眼除了看样式是否符合自己的审美观之外，还有就是看手提包的整体外形是否有一种立体感，就像下方图中所示一样，看上去一定要有气场的感觉,如果是歪歪扭扭的,给人的感觉是显得没自信一样。

2.看手提包的做工精艺

手提包的做工是否精致,可直接体现出该手提包的质量如何。一般质量好的手提包，做工一定是非常的精美，针线都非常的整齐、均匀，绝对不会有多余的线条出现或是说走线杂乱。而质量较差的手提包,它的做工就比较随意,缝纫的牢固度不足,容易崩线,用的线条韧性也较差,容易断。

3.看手提包的拉链质量

手提包的拉链也是一个重要的点,一个手提包,使用次数最为频繁的就是拉链了,拉上拉下的,质量不好,怎么能够你拉的呢。好的拉链首先要是金属的,像有些是塑料的拉链,可能多拉几次就坏了。其次,一定要顺畅,如果不顺畅也是容易坏的。

手提包如何搭配:

1.同色系搭配法:包包和衣服呈同色系深深浅浅的搭配方式,可以营造出非常典雅的感觉,例如:深咖啡色套装+驼色包包。

2.对比色搭配法:包包和衣服也可以是强烈的对比色,这将会是一个非常抢眼的搭配方式。例如:黑色套装+红色腰带+红色包包+黑色高跟鞋。

3.中性色+1个点缀色搭配法:即中性色服装配上点缀色包包,这样搭配会让您非常出色,例如:驼色洋装+天蓝色包包+驼色高跟鞋。

4.和衣服印花色彩呼应的搭配法:包包的颜色可以是衣服印花中的一个颜色,例如:橄榄绿底、米黄色、咖啡色印花洋装+咖啡色包包+咖啡色高跟鞋。另外,身高超过170CM的女士,建议你放弃超大包包。常常见一个可怜的小女生,挎着一个超大包包,的确招摇惹眼,但她的整个人视觉上通常会淹没在大包的压迫感之中。

手提包的服装搭配

1.白色包包——清朗、安宁、纯洁。

可搭配衣服的颜色——可与一切颜色相配。

2.灰色包包——成熟的中性色。

可搭配衣服的颜色——可与任何颜色搭配。

3.咖啡与米色包包——成熟、老练、宁静(冷米、暖米)。

可搭配衣服的色彩——基本色(黑、白、灰、蓝)。

4.蓝色包包——深邃+神秘安静、清爽、理智、深沉。

可搭配衣服的颜色——基本色白色和黑色(包、鞋)。

5.深浅蓝包包——成熟、理智、深沉。

可搭配衣服的颜色——黄色、红色。

6.红色包包——热情与浪漫、性感。

可搭配衣服的颜色——黑、白、黄、蓝、绿色。

7.绿色包包——大自然的色彩,清凉,生机。

可搭配衣服的色彩:最宜黑、白及各深浅绿,也可与临近黄色,互补红色(最好不用纯色)。

8.粉色包包—独一无二的女性色彩。

可搭配衣服的颜色—白色、黑色、深浅粉—玫瑰色。

9.紫色包包——高贵优雅的色彩,女人喜欢,却又是难以搭配的颜色。

可搭配衣服颜色——同色系深浅不同紫色;黑色、白色、黄色、灰色。

10.橙黄色包包——激情与充满活力的色彩。

可搭配衣服的颜色——橙、黄之间各色;可与基本色、白、黑、绿色,各种蓝图案服装。

丝袜演绎的女人魅力

国际时尚界"新女性化"潮流越吹越旺。21世纪的性感象征——鱼网丝袜及彩色丝袜成为新宠。

春夏秋冬时装秀场上，袜影处处，配细跟高跟鞋。亮眼的有粉桃红丝袜、豹纹丝袜、金色丝袜、格子纹丝袜等。在意大利米兰名款时装新品发布会上，人惊讶地发觉：在T型台晃动的香衣霓裳之间，丝袜竟以崭新的姿态，重新回到了时尚流行的最前端，成为名设计师们最焦点的宠儿。它们华丽精致的花纹款式，大胆的色彩运用，使之成为了完美时装的点睛之笔。

我们今天所看到的丝袜，已是崭新纺织科技跃进的典范，作为这股丝袜流行风潮的发起人、弹性纤维品牌——莱卡，成为了名牌丝袜中穿针引线的关键人物。曾在肉色丝袜一统天下的年代里，莱卡的丝袜使服装的颜色在搭配上有了新的遐想，因此，服饰品牌在丝袜领域与莱卡进行如此声势浩大的合作，共同打造"丝袜复活"的概念，这还是服装历史上的第一次。

或许，这就是工业科技技术发展的趋势之一，人类的唯美实现向前跃进的一步。

自从有了丝袜，女人多了一份似透非透的性感在腿上，如果没有丝袜，男人会第一个跳起来说"NO"。某网站曾经给男人做过这样一个心理测验，女人什么样子的背影最让你着迷？一半男人答：穿着优质丝袜的少妇。玻璃丝袜的杀伤力量可窥一斑。

有一男同事"抱怨"："出门旅游，女人会忘记带机票，但不会忘记带丝袜。"丝袜对女人来说是一张永远都逃不脱的网，这网一撒就是60多年。

腿上的风景线

20世纪初，女装的造型发生了突破性的变化，女性也一改往日柔软的外表，大大方方露出健美的小腿，丝袜成了女人腿上一道独特的风景线。

1938年，美国杜邦公司成功发明尼龙，引起袜业革命。据有关资料显示，第一批尼龙丝袜于1940年5月5日上市销售，一天内卖出7万多双。1970年起，优良弹性的人造纤维产品——莱卡被正式运用到丝袜和连裤袜的生产中。又轻软又有弹性的丝袜让追赶时尚潮流的淑女辣妹们趋之若鹜。20世纪60年代末70年代初，迷你裙的风靡也催生连裤袜的诞生。长筒丝袜与内裤"联姻"迅速占据了70%的丝袜市场份额，直到现在，连裤袜绝对是丝袜市场中的主力军。

20世纪80年代开始，女性服装呈现极度的性感、奢华和妩媚的趋势，丝袜成为晚装配饰中不可缺少的一部分。此外，由于高科技弹性纤维的运用，带动了丝袜编织工艺的改进，复杂的提花及精工蕾丝，生动的条纹和鱼网纹，甚至金属线和炫目的假钻，都可以成为丝袜表现时尚的主题。如果你只知道肉色、黑色、灰色丝袜的话，未免坐井观天了，桃红、粉红、绿、大红、金属色等比较鲜明和夸张的色彩都曾是欧美 T 形台上的流行色彩。

装饰修长的美

"解放脚趾"的口号随着凉鞋的再次流行，叫得越来越响亮，无趾丝袜也随着应运而生。冬裙的兴起让无掌丝袜开始在冬天美丽。

丝袜很软，软得独具优美自然的流线感，还有独特的液态特征。以前认识一个女孩，喜欢收集长短各式、颜色各异的丝袜。她常说："喜欢丝袜就是喜欢轻轻柔柔、随遇而安的感觉。"有时将手掌伸于丝袜中，任意地变换指尖的支点，而它也只是绵绵地跟着"随遇而安"，忽而剔透盈亮，忽而恍惚中隐约其词，这种随我生命的感觉，能打动每个女人心里那块最柔软的角落。

丝袜很像女人，自然的柔美讨人喜欢。她轻轻附在皮肤上，包裹着玲珑的曲线，在不知不觉中勾勒着流畅的线条，谱写着叫"优雅"的气质。丝袜这种优雅不仅来自于穿上丝袜本身，穿丝袜的过程就是一场值得女人自顾自爱自怜的细腻表演，很有仪式感：先用白嫩如葱的纤纤玉手提起那薄如蝉翼的袜子，轻轻套上微微绷直的脚尖，一寸一寸地往上延伸，让那种若即若离的羽毛轻触感，由下至上地弥漫到整个腿部。这时，穿了丝袜的女人立即散发出难以抵挡的柔软脆薄的质感——柔软的是一双玉腿，脆薄的是那层袜子。

丝袜自然的柔美讨人喜欢，她轻轻附在皮肤上，包裹着玲珑的曲线，在不知不觉中勾勒着流畅的线条，谱写着叫"优雅"的气质。

不同风格丝袜　穿出个性时尚

白色蕾丝丝袜

灰色拼粉色运动夹克，搭配白色拼黑色连衣裙，非常的休闲范儿，仔细看，腿上的白色蕾丝丝袜带来一抹精致的小女人味。

黄色丝袜

牛仔马甲，搭配黑 T 黑短裤、宝蓝色厚底靴，可怎么都不抵黄色丝袜来得吸睛。

黑色心形丝袜

米色长西装，搭配白衬衫牛仔短裤，怕有点太休闲？那就配上黑色心形丝袜吧,立刻优雅不少。

青灰色丝袜

白色连衣裙,搭配青灰色丝袜,鞋子也是青色的。日本女生果然在择色上很有想法。花纹透明丝袜牛仔外套,搭配白色短裤、黑T搭配透明丝袜,让人感觉不到丝袜的存在,只是在小腿侧目仿佛纹身一样的花纹出卖了它,不仔细看,还以为是个小小的刺青。

黑色绑带打底袜

白色长T,搭配牛仔抹胸长围巾,再配上黑色绑带打底袜,看得人目瞪口呆。

字母透明丝袜

透明的丝袜上印上黑色字母、扭曲的钟摆,让人的视线一下子从黑色宽松上衣和豹纹短裤上移了下来,非常地勾人。

波点丝袜

波点丝袜似乎是偏爱淑女范的美眉的必备之物。牛仔外套,搭配黑白几何图纹半裙、黑色帆布鞋,非常的学生味,可加了条粉色波点黑丝后,是不是有点小端庄呢!

黑色网眼丝袜

黑色网眼丝袜,搭配豹纹半裙、黑色蕾丝短袖衬衫,酷劲十足。

黑色丝袜

说实话,黑色丝袜更像是个打底袜,不过花纹倒是非常的繁复。

丝袜如何穿出性感

丝袜一般女性都会穿到的一款服饰单品,但她独特的质地形成的半透明效果,让女性的双腿在若隐若现中更为性感诱惑,所以丝袜就不再简简单单的只是保暖了,她又多了一层性感的含义,随着各式各样不同设计的丝袜应运而生,丝袜的搭配就成为女性的一个大学问,丝袜穿好是性感魅惑,穿不好就是雷人囧像。

条纹印花丝袜

一袭简洁的藏蓝色丝绒裙,暗藏玄机的腰部设计,隐约中显露曲线美,看似平淡无奇的色彩与其简单的设计,但却暗藏独到之处,下搭个性不规则条纹印花的丝袜,颇为抢眼,让整身深色系裙装,少了一分神秘感多了一分不羁的混搭个性。不过这种个性十足的丝袜搭配一定要选择好否则就会变成画蛇添足的效果，建议朋友们最好是与简洁款搭配。

个性纹理丝袜

简单修身的黑色连衣裙，或许已经让你乏味，重新换回它的新鲜感，搭配性感个性的丝袜会给你意想不到的出味感，让平淡变的更动人心弦，黄与黑的色彩搭配是最容易让人接受的颜色，快点选款丝袜扮靓你的初秋着装新时尚。

个性简明的红色丝袜，

个性简明的红色丝袜，让人眼前一亮。抢镜有妙招，丝袜大显身手，早秋若你还在为衣着过于平淡而烦恼，让糖果色艳丽的丝袜帮你点亮平淡，整体的深色调中加一丝艳丽的糖果色丝袜作为点缀，更是增色一番趣味。

黑色丝袜

身为时尚博主的徐濠莹在搭配上有自己独特的一面，一身黑色系套装，夸张的配饰让黑色套装多了一分个性与随意，下身的菱形格纹丝袜更是性感出位，个性的套装与菱形格纹的丝袜搭配，让女人性感的一面更加彰显，把整身死板的装束，穿搭出自己独具一格的味道。

蒋勤勤身穿 StellaMcCartney 几何拼色荷叶摆长袖小礼裙。这个款礼物可是秋冬的抢手货，蓝白灰拼色摩登而充满活力，裙摆荷叶边设计增添甜美俏丽，各路明星达人对此系列多有演绎，然而如蒋勤勤这般穿出"贤妻良母"范的却绝无仅有，黑色丝袜将双腿包裹的严丝合缝，加上一双简单大气的黑色高跟鞋，如此极富设计感的时髦物被她演绎出了别样的韵味。

如何选择丝袜

作为夏日里一道亮丽的风景线，丝袜使女人多了一份似透非透的优雅与性感，它不仅能够美化腿部线条，还能更好地保护女人的双腿。那么，如何挑选一双贴心的丝袜呢？

一闻

先闻一闻有没有刺鼻气味，一些劣质丝袜存在甲醛超标情况，容易引起皮肤过敏、湿疹等症状。所以，丝袜买回家后最好先用清水漂洗。

二看

看品牌。大厂家生产的丝袜质量更有保障。看成分。高光材料的丝袜透气性不好，会影响汗液挥发，导致皮肤炎症；涤纶材质的吸汗性能较差，长时间穿着容易引起脚臭；相对而言，绵纶和氨纶成分的丝袜穿起来最舒适。看做工。质量好的丝袜表面光滑、没有丝头外露，袜尖、袜跟以及上端的罗口处平整，否则，穿着时容易因受力不均而拉破丝袜。

三拉

购买时，可以竖向拉抻袜子，感觉一下它的弹性。不要选择收口处太紧的丝袜，防止给脚踝、腿部乃至心脏增加额外的压力。一般来说，一双好丝袜在距离心脏越远的地方紧度越高，反之紧度越小，市场上热销的"循序减压丝袜"就是基于这一原理。

如何让丝袜更耐穿一些呢？丝袜最好单独洗涤，避免因缠绕其他衣物造成勾丝或变形。洗涤时，在加入洗涤液的冷水中浸泡 30 分钟左右，用手轻揉即可。最后，平放在通风处晾晒，吊着晾干或直接曝晒都会影响其弹性。

常会有一些不知道如何选择丝袜厚度的朋友总想着要打开每一双丝袜的包装袋亲手去感觉它的厚度，但是大多数商家都不愿意将包装打开。怎么办呢？其实很简单，丝袜厂家已经提供了解决途径：在每一双丝袜的外包装袋上清晰地标注了每一款丝袜的厚度，标注在哪里呢？就是包装上的"××D"或"××Denier"字样（"D"或"Denier"是丝的纤度单位），其数字越大，相对而言袜子就会越厚，越小就越薄。个别款式未标注"××D"字样的一般都是超薄的袜子。一般来说，超薄丝袜的厚度是 10D~20D，中厚丝袜的厚度是 50D~100D。

另外，女性在购买丝袜时，要注意丝袜在包装袋内所呈现的颜色要比穿在脚上时的颜色深。因此，在挑选时要选择比自己所喜欢的颜色略深一些的。

丝袜，在服装的整体搭配中起着举足轻重的作用。丝袜不仅能保护腿、足部的皮肤，掩盖皮肤上的瑕疵，还能与衣服相搭配，使女性更添魅力。所以丝袜的选穿不能敷衍了事，但要跟据自身特点和着装风格做到合理选穿，亦不是件容易的事，你最好知道选穿袜子的窍门，以下一些供你参考：

1.上班族不要穿着彩色丝袜，它会令人感到轻浮，缺乏稳重之感。

2.如果你是位身材高挑的女性，那么色彩鲜艳的丝袜如明黄、天蓝等，最适合你优美腿型。

3.腿部较粗的女性宜穿深色、直纹或细条纹的丝袜。因为这些都会产生收缩感，使双腿显得较细。

4.时髦前卫的女孩身上总是穿得复杂，腿上穿的丝袜就应该简单、清爽。

5.对于日常忙于上班的职业女性，不妨选一些净色的丝袜，只要记住深色服装配深色丝袜,浅色服装配浅色浅袜这一基本方法就可以了。

6.剪裁简单及颜色明净的上衣,可与略带细致花纹的丝袜配在一起,可增加一些清丽勾人的感觉。

7.参加盛会穿晚装时,配一双背部起骨的丝袜使高雅大方的格调分外突出。但穿此类丝袜时,切记注意别将背骨线扭歪,否则极其失仪。

8.丝袜和鞋的颜色一定要相衬,而且丝袜的颜色应略浅于皮鞋的颜色。

9.如果鞋子本身颜色很艳的话,要尽量选择接近袜子底色或鞋上较深颜色的袜子。

10.大花图案和不透明的丝袜最宜配衬平底鞋。

11.图案细小和透明的丝袜最宜配衬高跟鞋。

12.白丝袜与白鞋并非一般身型都适合穿的。因为它很容易令人看上去又胖又矮,应该避免。

服装的搭配组合,除了服装自身的搭配,还要靠许多配饰的搭配,才能展现较佳的整体效果。爱美的女人希望在炎热的夏季搭配出最亮丽的色彩。

丝袜是女性腿部的第二层肌肤,尤其对职业妇女而言,每天腿部与丝袜紧密依偎的时间大多超过8个小时。除了考量舒适美观之外,穿着丝袜时还应注意它的质地。

1.一般弹性丝袜。

2.特殊造型丝袜。

3.具丹尼数的弹性丝袜。

这三种丝袜的差异在于:一般弹性丝袜丹尼数极低(丹尼为计算纱重量的单位。一般而言,丹尼数愈高,则重量愈重且紧实度愈强;丹尼数愈低,透明度高但不耐用),使用寿命短,消耗量大。一般弹性丝袜皆为统一尺寸,无法符合不同体型的要求,不具防止腿部静脉曲张的功效。特殊造型丝袜形式花俏,多变化,丹尼数极低,使用寿命短,无尺寸分别。不具任何防止腿部静脉曲张的功效。具丹尼数的弹性丝袜则依丹尼数不同,可给予腿部不同的紧实度,能改善腿部疲劳、防止静脉曲张。使用寿命长,较耐用。配合不同体型,提供不同尺寸,可令服贴度达到最大。在服饰的搭配上,丝袜也扮演着"举足轻重"的角色。

一般而言,丝袜与服装的颜色应选择同色系或相近色系,以免产生突兀之感。丝袜的颜色不宜比鞋子颜色深,否则容易令人觉得头重脚轻。建议您在穿好丝袜后，最好在长的穿衣镜前自我检查，可帮助您更正确地判断丝袜颜色是否恰当。

依身材选择不同尺寸的丝袜，可让您看起来更加修长。而深色丝袜令腿部看起来较纤细，浅色丝袜则有扩大效果；您应拥有深浅不同的丝袜，以便随时搭配不同的装扮。许多女性常常有这样的经验：一双丝袜才穿没几次就破了，甚至新的丝袜还没穿出门就莫名其妙地被勾破。这除了与丝袜的编织方法和丹尼数多寡有关之外，穿着的技巧也相当重要。穿着丝袜时应以拇指为中心，将丝袜自大腿处折至脚尖；再分别将两脚自脚尖处向大腿处轻轻往上拉。为使穿着时得到最佳的服帖效果，两脚脚掌应平帖地面，再轻轻拉上丝袜，并确保腿部的每一个部位均完全服帖。再以两手平均力道上拉至臀部，并确认臀部的每一个部位亦完全服帖即可。脱下丝袜时，亦可以双手轻轻地褪至膝盖处，再小心地以拇指抓着丝袜自脚底完全褪去。此外，保持手部肌肤的润滑与平整、慎防指甲勾到丝袜或避免穿着磨损的鞋子，亦可延长丝袜寿命。

如何选择好丝袜

1.丝袜的品质差异

WOLFORD 丝袜要卖 300 多元，超市丝袜只卖十几块，看上去似乎差不多？这里就有一个很关键的问题，好丝袜究竟贵在哪里？

首先要从丝袜的材质说起。丝袜所使用的主要材质有三种：水晶丝、包芯丝和天鹅绒本质上，它们都是以尼龙(Nylon)为主要原材料。

水晶丝是最便宜最没有延展性的尼龙丝，那些脱下来以后，袜子已变成脚形的是最差的。水晶丝袜子成本低廉，但往往穿 1~2 次就坏了。

包芯丝是较水晶丝好一些的尼龙丝，手感和耐度都好于水晶丝，通常用来制作中档丝袜。那些十几元到几十元一双袜子通常是使用这种丝的，这种袜子的特点是不会变形，但穿几次就突然破个洞，每次穿着的抻拉都会多少对包芯丝造成一定伤害，积累起来就成了断裂。

天鹅绒是比前两者更好的尼龙丝，织法更密，更细也更轻柔，同时延展性优良。天鹅绒是指其极昂贵又轻薄如鹅毛的特性，那些最高级最奢华的世界上最薄的袜子们都是采用这种顶级材质。

即使同样是包芯丝和天鹅绒丝袜，国产丝袜一般由于成本的限制，不会选用最顶尖品质的尼龙丝和莱卡，而选择相对比较廉价的锦纶和氨纶作为原材料,而顶级品牌在材质上是不惜代价的,一般都是选用最顶尖的杜邦尼龙丝和昂贵的杜邦莱卡,有些甚至使用了更昂贵的 3D 莱卡和真丝、羊绒等等,因此光从原材料上,高档丝袜就要比国产丝袜要昂贵很多,有时相差近数百倍。

其次,是织法不同。

普通丝袜都是圆柱式织法织成的。高级丝袜会考虑得更细,有些产品在不同的地区采用不同的织法,调整不同的弹性系数,使丝袜在穿着后整腿保持色彩基本匀称,也更舒适。另外,高档丝袜会采用一种叫做"鱼网式"的织法。一个地方断丝只停留在一个小区域,不会出现那种上下一线的大脱线。这种织法的织机昂贵,非常费纱,只有极细极优质的纱才能织成。

顶级的五大品牌经过百年的研发,都有自己的保密织法,创造出各种独一无二的完美效果,这是他们敢卖天价的原因。

1.品质的好坏,在超薄丝袜的穿着效果上尤其体现明显。顶级品牌的超薄丝袜,只适合重大场合需要,处于意外伤害发生几率小的环境的人(如果你需要每天挤公车和地铁,就请务必放弃 10DEN 以下的极致超薄丝袜,不然每天袜子的费用就足够你打车好几个往返了)。

2.15D-20DEN 的袜子性价比最高,适合春秋日常上班穿着,寿命长,价格也不贵,透明度等也都比较均衡,能达到比较好的效果。

3.黑色超薄丝袜色泽均匀和质感透明度是它的格调所在,质关重要.穿就穿高档品牌,否则就别穿。

4.超薄丝袜是所有丝袜中的顶级奢侈品,原因并不仅仅是拥有的价格高昂,更多是至于后期为其花费的大量精力和时间,像 300 多元 1 双的 AURA5,看似绝对价值不高,但是为了更好保养你的 WOLFORD,你必须要经常 SPA 和腿部护理,这个费用就远比丝袜本身要高很多了,更不用说要选配对应的鞋子(至少要 FERRAGAMO,JIMMYCHOO 这个级别才能和 WOLFORD,FALKE 的丝袜相配),时装和手袋,全部加上会是一个天文数字。

相关产品:WolfordAura5,全世界最薄丝袜,其完美的透明度和高贵的修饰效果,让无数人为之倾倒,当然超薄的代价不仅仅是价格昂贵,她对保养的要求也是极其严格和苛刻的。

脚下生风:玉足魅惑

　　俗话说"品头论足",可谈论人相貌者甚多,注意到"脚也是女人身体性感的重要组成部分"的甚少,为什么?因为胸部线条好看的,10人里就有一个;相貌好看的,100人里有一个;腿长、直、线条柔美的,1000个人里有一个;但说到脚长的丰满性感迷人的,成年女性一万个里都难找到一个!尤其是穿起凉鞋、丝袜的精致脚跟和脚踝,最是魅惑、最勾人、最是妩媚。但是一双漂亮的玉足却是相当的难得,令众多女性追求不已。

　　女人的玉足,根据海内外专家的一致研究,在人体中足和脚是性意识、性韵味最浓的器官,特别是对一个男人来讲,女人的足和脚是最性感、最具有诱惑力、杀伤力的致命武器。只要从西方灰姑娘的"水晶鞋"、中国古代女人的"三寸金莲",甚至到民间骂人"破鞋"的那些童话轶事、言语词汇中,人们就可或多或少感受到足和脚,所给人留下的说不清道不明的暧昧和想象。所以有一个男人,如果绕过头面、细腰、肥臀,直接盯着女人的足和脚看,那他一定是个看女人的高手,一个比女人还懂得女人的专家。因为,女人属阴,足脚为阴,自然女人的足和脚就是阴中之阴,要了解和研究一个被定位于阴性动物的女人,你说还有什么比看她们的足和脚更合适的吗?

　　从女人足和脚的长相和形态中,看出她体内阴气的强弱,性情的刚柔,脾气的大小,这显然是一件十分有趣,又需要细心观察的工作。在美学家的字典里,女人足脚的美丽标准是"小、瘦、尖、弯",女人足脚,首先应当小巧玲珑,因为小代表着一种阴柔的美,而大则象征着一种阳刚的美,所以世界上没有人会爱上一个粗大强壮的女人,而希望拥有一个小巧精致的女人。同样,女人的瘦足,会让人产生弱不禁风、需要呵护、急需扶持的感觉;而尖和弯更是自然界中典型的阴性曲线,那曲折委婉的变化,似乎明白无误在倾诉着女性心中的忧怨哀愁,怎么不使人产生怜香惜玉之情。

　　相反,足和脚骨形过大的女人,常常是阳气有余、阴气不足,感情不细腻、不温和、行为粗鲁俗气;足和脚肌肉脂肪过多的女人,则往往阴气较重,有心机、爱挑剔、目以为是；足和脚皮肤青筋（血管）突出的女人，多数肝阳亢进、脾气急躁、敏感易怒、情绪化；小腿汗毛茂盛的女人，体内雄（男性）激素水平偏高、雌激素水平较低，时常身不由己地表现出男性化的倾向，声音响、语速快、喜欢发号施令，这种女人征服欲和控制欲非常强，而被人戏称为"男人婆"。

自古以来，手多有玉笋的美称，其实脚美起来更动人心魄，超乎于手。于是乎有人就将叫称之为玉足。

脚和手都是人体末端，描述手是纤纤玉手，描述脚是纤纤玉足。脚和手都以纤细、曲线为美。好的玉足一是要小，小才会精而细致。这种玉足和身高有关，通常身高在 1.6 米以下的女人可能有这种精致的好脚。

男人喜欢女人玉足的三种形态，一种是在迷漓的灯光下，一双柔润白色的脚，穿着酒红色的很细很高的高跟鞋。这是一双性感的玉足，一种是穿着单带，带有脱拉板声音拖鞋的脚，这时的女人多是轻松的居家状态，刚刚洗完澡，被水泡过的脚很舒服，白里透粉。第三种是光脚，光着脚满地跑，这时的女人天真，活泼，是女人最放松的时候。

男人不喜欢女人玉足的外八字，外八字让男人感觉松弛和懒惰。提提醒女人，不要疏忽自己的脚，也许你改变不了你的脚形，但你可以是让脚更灵活，更柔顺。

夏日足部保健

夏天是我们的脚暴露时间最长，受阳光照射最充足的季节，当然也是最容易受到损伤的时期。那要怎样保养才能获得一双玉足呢？

1.或许你会发现一到夏天，我们的脚上很容易长出一层厚厚的皮，或者是一层黑黑硬硬的茧，严重时甚至有脱皮现象，严重影响了脚部的美观。这主要原因是因为与鞋的摩擦之间造成的。所以我们的夏日护足的第一步就是要勤去角质。如果是较厚的角质可以借用磨脚板，或者使用去角质霜或凝露。去完角质之后，你会发觉脚底的皮肤如新生般的细嫩。

2.去完角质重获细嫩皮肤之后，千万不要忘记要赶紧涂上一层润肤露，以保护这层细嫩的皮肤。否则一旦你开始站立或走路，很快就又会与鞋或其它别的东西摩擦磨损出新的伤痕或硬茧，到时后果会更严重。

3.每天淋完浴后或睡觉前，将双脚泡在温水中十分钟，水温不宜过高，即使是冬天，也不要用超过45度的水泡脚。长期坚持泡脚不仅可以减少老茧,使脚部肌肤更加柔滑细腻,还能助你一夜好眠哦。跑完脚后,记得给脚背和小腿部分涂上一层润肤露,人体的肌肤在晚上的吸收功能很好,这样可以使皮肤更有效地吸收到养分。

4.除了腿部的肌肤外,脚趾甲也是保养的重点。清洁完脚部后,除了去除脚底的死皮硬茧,脚趾甲边缘的死皮也要处理掉,否则容易出现倒刺破皮等现象。过长的脚趾甲要及时修剪掉,以免影响美观。最好给脚趾甲涂上一层透明闪亮的保护油或是自己喜欢的颜色的趾甲油,这样穿起凉鞋来会更好看。

夏日穿着各种高跷的美鞋,走在充满阳光的大路上,然而未经任何护理的足部在晚上脱掉鞋子后,脚背上呈现红红的晒后痕迹。我们的防晒不仅仅要做在脸部与身体,足部的防晒也至关重要,小编带来足部的晒前与晒后修护妙招,在这紫外线强烈的季节,帮你做"足"准备打造白皙玉足。夏季室内的空调往往会让足部变得干燥,在足后跟要多涂一些滋润霜,或者把乳霜直接涂在脚面上,可以滋润脚部为防晒最好基础的保湿工作。

泡脚的作用

人的双足是我们人体重要的组成部分,但它们也是我们最累的部位,所以需要我们特别呵护,尤其是女人的一双玉足,古人称三寸金莲,更需要更好的呵护和保健按摩,泡脚对脚部有哪些好处了?

泡脚促进血液循环。脚自古就有人体的第二心脏之说。从养生理论看,脚离人体的心脏最远,而负担最重,因此,这个地方最容易导致血液循环不好,医学典籍记载:"人之有脚,犹似树之有根,树枯根先竭,人老脚先衰。"尤其是对那些经常感觉手脚冰凉的人,热水泡脚是一个极好的方法。

泡脚可以刺激足部的穴位、反射区和经络。从医学理论来讲,脚上有人体各脏腑器官的反射区和穴位,以及经络,很多人都做过足疗,按摩师点压我们的脚时,会感觉痛疼、酸胀,这种情况基本上可以说明我们相应的反射区脏腑有问题。所以,当我们做完足底按摩后,会感觉浑身轻松。同时,人体脚上有6条主要的经络,包括三条阳经(膀胱经、胃经、胆经)的终止点,和三条阴经(脾经、肝经、肾经)的起始点,都在脚上,因此,热水泡脚也等于刺激了这六条最主要的经络。

泡脚对很多疾病的治疗,有很好的辅助作用。人们常说一句话说"富人吃补药,穷人泡泡脚",可见脚在人体的重要性是非常大的。

泡脚也是很有讲究的,既然是泡脚,要体现一个泡子,泡脚盆的选择要求:深度要够,热量要足,材质安全,功能全面,使用方便,日常居家常用:磁疗泡脚盆属医疗用品领域,解决了现有泡脚盆结构复杂,成本高,永磁体位置不当的问题。由水盆、永磁体组成,关键是水盆底部有两个大小形状与脚掌相似的凸台,每个脚形凸台中部有一圆形凸起,多粒永磁体嵌入其中,水盆深度超过160毫米。注入40~50度的热水,以刺激脚部的反射区,促进人体血液循环,调理内分泌系统,增强人体器官机能,取得防病治病的保健效果。同时热水刺激会使足部微循环加快,毛孔开放,在这个基础上磁疗泡脚盆的磁力线很容易穿透,作用于脚部的重要穴位和脏器投射区,调节全身的脏腑功能,使我们的脚得到充分的呵护和放松。

3 步护足让你的玉足细嫩柔滑

迷恋高跟鞋,所以不得不忍受因它而造成的对双足的伤害,尤其是夏天,虽然趾甲涂得一丝不苟,但足跟处挥之不去的死皮还是让人不忍朝后细看。最容易被忽视的足部肌肤,其实更需要细心地呵护,不然即便你在脸上做足了文章,只要一不小心,脚丫子还是会将你的年龄出卖。

香薰足浴

平时长时间的站立或走动,双足或脚踝关节会特别容易疲劳酸痛,因此可以尝试香薰浸足配方:少量的鼠尾草叶、三滴鼠尾草香薰油及一盆预先准备好的暖水。将疲劳的双足浸入暖水中,大约十五至二十分钟后,用毛巾抹干,你能感到双足肌肤变得柔软不少。

此外,含有海盐成分的足浴配方,能促进血液循环,具有很好的排水作用,加上含有丰富的矿物质及维他命 E,让足部获得充足的滋润及呵护。

磨砂美足

若想令双足漂亮,建议在足浴前先进行一次美妙的磨砂护理,或是浸足后享受一次足膜,这样一来,也为生活多添一点情趣。

此外,要自制天然的磨砂膏并不复杂,材料只需五十克的粗盐加入少量葡萄籽香薰油,混合后便成为天然好用的磨砂膏,它能够磨走死皮的同时令足部回复光泽感。

穴位按摩

足部按摩很容易,而且自己在家也能搞定。事实上,脚底的不同区域代表身体不同器官的反射区,常常按摩,可减轻足部疲劳,刺激体内气血运行,令身体更健康。

除去用手按压脚底穴位外,还有一种方法便是在家中铺放几块小石子,配合适当的力度,能够有效刺激脚底经络穴位,减轻平日的劳累,甚至心情也会畅快起来。